高等院校艺术设计类系列教材

公共设施设计
（微课版）

侯立丽　刘晖　王静　编著

清华大学出版社
北京

内 容 简 介

本书立足于当今社会进步、科技发展，介绍了公共设施的发展历史和现状，根据我国实际情况并结合专业特点，系统地阐述了公共设施设计的理论、方法等。

本书共分7章：第1章介绍城市公共设施的现状、发展状况以及公共设施的基本分类；第2章阐述城市公共空间与公共设施的相互影响；第3章主要阐述人与空间的相互作用；第4章深入探讨材料、造型、色彩以及文化语言几方面对公共设施设计方向的影响；第5章介绍公共设施设计的方法与程序；第6章分析城市公共设施设计的应用情况；第7章总结了公共设施设计的未来发展趋势。

本书适合于公共艺术、环境艺术、工业设计等相关专业师生以及其他非专业人群阅读，希望读者在设计公共设施的过程中可以得到一些借鉴与启发，为城市文明建设作出贡献。

图书在版编目（CIP）数据

公共设施设计：微课版 / 侯立丽，刘晖，王静编著. —北京：清华大学出版社，2022.1（2023.8重印）
高等院校艺术设计类系列教材
ISBN 978-7-302-59486-4

Ⅰ．公… Ⅱ．①侯… ②刘… ③王… Ⅲ．①城市公用设施—工业设计—高等学校—教材 Ⅳ．①TU984 ②TB472

中国版本图书馆CIP数据核字（2021）第228256号

责任编辑：孙晓红
装帧设计：李　坤
责任校对：徐彩虹
责任印制：宋　林
出版发行：清华大学出版社
　　　　　网　　　址：http://www.tup.com.cn，http://www.wqbook.com
　　　　　地　　　址：北京清华大学学研大厦A座　　　　　邮　　　编：100084
　　　　　社 总 机：010-83470000　　　　　邮　　　购：010-62786544
　　　　　投稿与读者服务：010-62776969，c-service@tup.tsinghua.edu.cn
　　　　　质量反馈：010-62772015，zhiliang@tup.tsinghua.edu.cn
印 装 者：小森印刷（北京）有限公司
经　　销：全国新华书店
开　　本：190mm×260mm　　　印　　张：12.75　　　字　　数：308千字
版　　次：2022年1月第1版　　　印　　次：2023年8月第3次印刷
定　　价：59.00元

产品编号：089755-01

Preface 前 言

今天的城市形态多种多样，城市规划也变得更加复杂，公共设施设计也就成为一门跨学科的科学。如今我们如果仍然认为在城市中放置一个休闲椅凳或灯杆就是装点城市，那就不再是正确的想法。然而，如果在装点城市的同时设置一些体现城市特色或城市文化的设施，这才是既明智又正确的做法。"城市家具"——公共设施是被集中和使用于城市中的物品，是现代城市环境中的重要元素。它服务于城市，又影响着城市的机能和形象；它服务于城市人，又影响着城市人的工作和生活。城市的发展和城市人思想的不断进步是公共设施持续更新的根本动力，创建科学的、完善的、美观的、人性化的设施环境是其更新与发展的理想目标。

本书以理论为前导，对公共设施进行了具体的设计分类，介绍了各类公共设施的设计特点和设置要求。力求既有理论指导性，又有实践性；既有微观性，又有宏观性；既涉及技术要求，又具有文化艺术特色。为了让读者充分了解公共设施设计方面的新观念、新设计，本书配有较多的具有时代特色的形象图片。

本书针对城市家具——城市公共设施的特性，分以下 7 章内容。

第 1 章介绍城市公共设施的现状、发展变化以及公共设施的基本分类。

第 2 章阐述城市公共空间与公共设施的相互影响，并以此为着眼点，对城市公共设施与公共空间环境的整体性问题进行了探讨研究。

第 3 章主要阐述人与空间的相互作用，掌握交互设计在公共设施设计中的应用以及城市公共设施的安全性研究。

第 4 章深入探讨材料、造型、色彩以及文化语言几方面对公共设施设计方向的影响。

第 5 章从公共设施的设计特点、设计原则、设计方法等出发，介绍公共设施设计的设计程序，使设计者针对公共设施设计明确了方向与步骤。

第 6 章结合调研、咨询等手段，分析、归纳城市公共设施设计的应用情况，根据现有的公共设施中存在的问题总结经验，并对建立城市公共设施的系统性的设计和管理方法提出了设想和建议，为今后的设计打好基础。

第 7 章总结了公共设施设计的未来发展趋势。

本书由河北农业大学的侯立丽、刘晖老师及河北大学的王静老师共同编写，其中第 2 章、第 4 章、第 5 章、第 7 章由侯立丽老师编写，第 1 章、第 3 章由刘晖老师编写，第 6 章由王静老师编写。参与本书编写校对工作的还有卢国新、张晓波、刘敬超等，在此一并表示感谢。

由于作者水平有限，书中难免存在错误和疏漏之处，敬请广大读者批评指正！

编 者

Contents 目录

第 1 章　公共设施设计概述 1

1.1　公共设施设计的意义及产生和发展 3
　　1.1.1　公共设施的概念 3
　　1.1.2　公共设施设计的意义 5
　　1.1.3　城市公共设施的产生和发展 7
1.2　国内外公共设施的发展状况 9
　　1.2.1　城市公共设施的发展现状 11
　　1.2.2　国内公共设施的发展现状 13
　　1.2.3　国外研究现状 15
　　1.2.4　我国公共设施设计存在的
　　　　　 问题 19
1.3　公共设施的分类 21
本章小结 30
简答题 31
实训课堂 311

第 2 章　公共设施与公共空间的关系 33

2.1　公共空间对公共设施设计的影响 35
　　2.1.1　公共空间是公共设施设计的
　　　　　 视觉形象界定 35
　　2.1.2　公共设施是构成公共空间
　　　　　 环境的重要组成部分 36
　　2.1.3　公共设施是激发人们空间
　　　　　 多种活动的重要元素 37
　　2.1.4　公共设施是城市空间环境外
　　　　　 在形象体现 38
　　2.1.5　公共设施是城市空间历史
　　　　　 记忆的承载物 39
2.2　公共设施在城市公共空间的功能 40
　　2.2.1　公共空间的价值 40
　　2.2.2　公共空间中公共设施的功能
　　　　　 构成和分类 43
2.3　公共设施与公共环境的整体性原则 47
　　2.3.1　城市文化层面 48
　　2.3.2　城市规划层面 56

　　2.3.3　城市建筑层面 70
本章小结 79
简答题 80
实训课堂 80

第 3 章　公共设施与人文化的关联 81

3.1　人文化的内涵与外延 82
　　3.1.1　人文化的文化理论 83
　　3.1.2　社会人类学的概况 84
　　3.1.3　人文化与设计的贯通性 84
3.2　人文化的理论基础 85
　　3.2.1　人性化的设计理论 85
　　3.2.2　文化区域的影响 86
3.3　现代城市公共设施设计中人性化的
　　 相关因素 87
　　3.3.1　人的生理特点 87
　　3.3.2　人的心理与行为特点 89
3.4　人文化中的交互设计 91
　　3.4.1　人机工程学的概述 91
　　3.4.2　交互信息设计 92
　　3.4.3　交互设计与心理学的关系 ... 93
3.5　公共设施中使用人群的归类 94
3.6　安全性体验 96
　　3.6.1　安全性保障 96
　　3.6.2　城市公共设施与人的安全性
　　　　　 讨论 98
3.7　人文化中的"公共性"功能体验 99
本章小结 100
简答题 101
实训课堂 101

第 4 章　公共设施的设计语言 103

4.1　影响城市公共设施的因素 104
　　4.1.1　技术平台的支撑 105
　　4.1.2　新型材料的出现 107

4.1.3 人的行为方式的转变 ……………110

4.2 公共设施的设计中常用的材料及
工艺 ……………111
    4.2.1 公共设施设计常用材料的
分类 ……………111
    4.2.2 新材料、新工艺在公共
设施中的应用特征 ……………117

4.3 公共设施造型语言设计 ……………118

4.4 公共设施的色彩设计 ……………120
    4.4.1 色彩的感觉效果 ……………120
    4.4.2 色彩的视认性与诱目性 ……………124

4.5 文化语言 ……………126

本章小结 ……………128

简答题 ……………128

实训课堂 ……………128

第 5 章 公共设施的设计方法与程序 ……129

5.1 城市公共设施的设计特点 ……………131
    5.1.1 城市公共设施的区域性特点 ……131
    5.1.2 城市公共设施的多元化特点 ……132
    5.1.3 城市公共设施的文化性特点 ……133

5.2 城市公共设施设计原则 ……………135
    5.2.1 地域性原则 ……………135
    5.2.2 安全性原则 ……………138
    5.2.3 功能性原则 ……………139
    5.2.4 整体性原则 ……………140
    5.2.5 以人为本原则 ……………142
    5.2.6 可持续性原则 ……………143

5.3 城市公共设施设计方法 ……………145
    5.3.1 地域文化元素的"获取" ……146
    5.3.2 地域文化符号的提炼 ……………151

5.4 城市公共设施设计步骤 ……………157
    5.4.1 准备阶段 ……………158
    5.4.2 发展阶段 ……………158
    5.4.3 实施阶段 ……………158
    5.4.4 管理与维护阶段 ……………159

本章小结 ……………159

简答题 ……………159

实训课堂 ……………160

**第 6 章 公共设施设计的应用及典型
案例分析 ……………161**

6.1 城市广场的公共设施设计 ……………162
    6.1.1 西湖文化广场 ……………163
    6.1.2 吴山广场 ……………168

6.2 园林景观区的公共设施设计 ……………175
    6.2.1 福州西湖公园 ……………176
    6.2.2 当前园林景观修饰技术设计
存在的主要问题 ……………178
    6.2.3 园林景观修饰技术应用前景
展望 ……………179

6.3 城市居住环境的公共设施设计 ……………179
    6.3.1 广州市大学城概况 ……………179
    6.3.2 广州大学城集约规划建设的
实践应用 ……………180
    6.3.3 发展综述与建议 ……………183

6.4 交通环境的公共设施设计 ……………184
    6.4.1 交通设施内涵及发展历程 ……184
    6.4.2 现状分析——以西安市为例 ……185
    6.4.3 改进措施 ……………186

本章小结 ……………187

简答题 ……………187

实训课堂 ……………187

**第 7 章 公共设施设计的发展趋势与
未来展望 ……………189**

7.1 公共设施设计未来发展趋势 ……………190
    7.1.1 注重系统性 ……………190
    7.1.2 注重文化性 ……………190
    7.1.3 注重艺术性 ……………191
    7.1.4 重视无障碍建设 ……………192
    7.1.5 注重智能化 ……………193

7.2 城市公共空间的可持续发展趋势 ……………194

本章小结 ……………194

简答题 ……………195

实训课堂 ……………195

参考文献 ……………196

第1章

公共设施设计概述

学习要点及目标

1. 掌握公共设施设计的基本概念。
2. 掌握公共设施设计的基本分类以及现存的问题。
3. 了解国内外公共设施的发展状况。

本章导读

　　城市公共空间可以定性为人的场所，也就是说，可以将它看作是展现人性或者是交换人们思想的必经之地，不难看出，城市公共空间中的公共设施必然成为人与人之间"交流的道具"，换句话说，没有公共设施的公共空间就不能将其称为"公共空间"，任何空间所体现的特征并非源于其自身，而是取决于该空间究竟具备何种属性的功能。

　　公共设施设计被视为城市公共空间建设中不可缺少的重要元素，但实际上是市民将各种条件、各种元素相互融合而提供给城市空间的公共产品。公共设施的数量和质量以及设计的合理程度决定着人们在城市公共空间停留的时间以及人们与城市公共设施交流的程度。相反地，如果在区域范围内缺乏人们所需要的生活公共设施，人们的生活将变得单调而封闭，没有生气，另一方面，城市空间内的公共设施还可以叫作"城市家具"，换言之，我们可以将城市空间比作一座"房子"或者是一个"家"，而公共设施则被看成是"家具"。

　　"家具" 对于一个家庭环境氛围的营造来讲，发挥着不可替代的作用，在家装的过程中，好的、有特色的家装设计能给人留下深刻的印象，而相反的家装设计往往容易被人忽视。如图1-1所示，座椅在城市中既有提高空间利用率、美化环境等功能，又可以让路过的人得以短暂地休息。由此可见，城市空间中的公共设施对于城市整体空间氛围的营造以及城市特色的影响同样是不可小觑的。城市公共设施在能满足使用功能的同时，还应该满足人们的审美需求，只有这样才能在城市空间中把它的作用发挥到极致。此外，公共设施设计除了作为城市历史文化和城市特色的标志之外，还应该兼有载体的功能，并在强化城市文化特性方面发挥显著作用。

图1-1　城市家具

公共设施设计的意义及产生和发展

1.1.1 公共设施的概念

1.1 PPT讲解

　　从社会学角度来讲，公共设施是指由政府或其他社会组织根据需求设置给公众使用的公共市政设施或设备，为居民提供生活便利，加强公共福祉；从艺术设计角度来讲，公共设施设计是指在公共空间中，为环境提供便利于人活动、休息、娱乐及交流的公共小品及产品设计；从人文学角度来讲，公共设施是满足人们的生活需求，为人们在公共环境中提供的一种交流媒介。

　　如图1-2～图1-4所示，公共设施作为城市空间建设的重要组成部分，它们大部分位于城市道路的两侧或者公园中、广场上、商业街等地方，并具有固定性。从概念上理解，城市的整体氛围与公共设施有着紧密的联系，城市公共设施不仅能直观地体现出城市的精神风貌、文化底蕴，还能给人们留下深刻的印象。城市的物质、精神文明需要将城市空间内的公共设施作为媒介得以展现。

　　从本质上看，公共设施设计不断发展的原因是和经济的发展分不开的。社会经济的不断发展细分了社会的内在需求，而社会的内在需求在不断细分的前提下，促使公共设施设计也在根据使用者的不同需求更加地细分化以及创造新的公共设施产品，这也从另一个角度说明了人们的行为方式已经具备了掌握公开空间的设施问题。城市公共设施是城市空间的一部分，也是公共艺术的一种有代表性的形式，伴随着科技、材料、人的行为方式等多种因素而发展。公共设施是人与城市环境的一种纽带，也是构成城市景观的一部分。

图1-2 公共设施

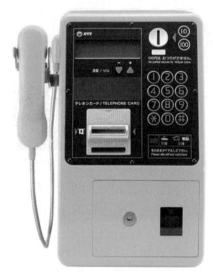

图1-3 公用电话

图1-4 公交车站牌

公共设施根据被使用的方式不同可划分为两个类别。

（1）具有最基本的服务功能，如座椅，为人们提供休息条件，垃圾箱、电话亭、公交指示牌、照明的路灯、用于指示商场的指示牌信息等，如图1-5和图1-6所示。

图1-5 电话亭

图1-6 路灯

（2）具有公共环境的装饰物品，如图1-7和图1-8所示，包括城市各个地点的起着装饰作用的雕塑、喷泉以及具有人文关怀的花园等。在这样的前提下，公共设施设计的概念更应该和人文化相结合，因为其不仅反映了一个城市的人文环境，而且反映了城市背景下的历史原因、文化内涵、经济发展情况以及人们的行为观念等。

图1-7　瀚一景观　　　　　　　　　　　图1-8　喷泉

1.1.2　公共设施设计的意义

在城市公共设施形成的过程中，人文化设计作为公共设施的一部分和一种意识文化支柱，在人的情感交流方面具有重要的作用。在整个城市建设中，公共设施无处不在，"生活道具"无时无刻不在无意识中影响人的行为方式。如何使公共设施在设计结构、外观形态以及材质材料映像方面体现与反映城市的整体特征，始终是设计师关注的焦点。

在设计公共设施时，不应仅停留在设计功能最基本的需求上，而应该把关注点放在人文化的研究中，只具有基本功能的公共设施已不能满足城市中人们的需求。如图1-9所示，公共座椅不仅给行人提供了休息场所，也为工作族提供了暂时工作的空间，融入了人文化的设计。如图1-10所示，空间环境以沙滩海洋的形式出现，既可以在心理上缓解游玩的热感，又让儿童有了在海边游玩的心理体验。在研究当中，总结公共设施设计与人文化之间的相互关联和体现，形成整体的分析和对比，使其形成整体的城市风貌，使公共设施设计可以从最根本的人文化研究出发，形成整体的理论和研究。

城市公共设施作为在整个城市公共空间内的应用和服务设施，对于整个公共空间的作用是非常大的，其反映了整个城市精神格调的面貌和人文关怀。整个公共设施系列中所包含的产品是比较多元化的，包含着方方面面，它将服务、娱乐、装饰等作用集于一体，满足人的各种需要，成为人们生活当中不可或缺的一部分。对现有的公共设施进行分析，市场上的设施比较杂乱，很少能够结合人文本身的表现和需求进行设计，而且这一方面的研究也相对较少。本书将会对人的生活区域的公共设施做出科学的分析和对比，通过掌握和了解分析公共设施所蕴含的空间——环境——人之间的相互关系和互相影响，结合现阶段人的行为方式、生活特点以及对以往行为方式的改变，把握人文化在其中所扮演的重要角色。

图1-9　公共座椅

图1-10　儿童游乐设施

从城市形成到发展的时期，城市公共设施便一直贯穿始终。城市公共设施作为公共空间的一部分，代表了一个城市的人文和思想基调，可以使人感受到设计本身的活力和生命，在城市的公共场所当中起着整体调节、装饰和服务的作用，在整个城市的公共场所当中占据重要地位，作为公共场所的一部分，大多设置在娱乐、学校、小区、广场、商业、公园等场所，涉及的范围在横向上也比较广。图1-11所示为烟台中海社区锦城，大区景观设计是将综合功能、景观、人文融合而成的艺术，创造出了满足并提升现代人的审美情趣及居住需求的宜居空间，使住户愉悦地在园区中漫步，自由自在地使用各种活动设施，发现超乎自己想象的生活场景。公共设施作为一种文化标志，应该与自己的地理位置、人文环境、历史进程相关联，体现独有的人文特征，作为一种人文风格而存在。

图1-11　烟台中海社区锦城

1.1.3　城市公共设施的产生和发展

城市是人类文明的重要体现，人口、经济、产业高度集中的中心城市是个人与城市居民构成关系的空间。城市像一个有机体，其发展是不可预测的，市民对城市规划的期望就能定义城市建设的预期目标。我们根据过去社会里城市的功能需求、空间布局、街道模式就能推出城市演变的过程。建筑风格与空间组合也是过去某个历史时期城市的影响因素，设计的细节可以揭示城市的身份与地位，尽管这些地方已经发生了巨大的变化。城市中的建筑元素能够区别城市的边境以及城市环境对相邻建筑物的影响。如图1-12所示，任何一个地方的城市元素，如设备连接设施、信息导向设施、安全设施等给人的感觉是舒适的或者仅仅只是个装饰品，这些设施带给人们的影响都可成为界定城市职能的重要因素。"公共"这个理念是西方社会历史发展到一定阶段出现的，德国哲学家哈贝·马克思（Habermas）提出"公共艺术的基本前提是公共性"。通俗地讲，公共设施的欣赏性是指那些雕塑、装置等的形式。更加统筹地说，只要是表现了能够与公众产生联系的艺术（如表演等），都可以作为其中的一部分。

图1-12　商场导向设施

面对发展如此快速的经济社会,人们的行为方式和理念正在朝着一个更高级别的层次迈进。城市公共设施在产生和发展,以及后期的更新和维护等方面,都是基于人的生理、心理以及先进技术、材料、科技而改变的,加之随着城市化进程的加快,城市公共设施和城市化也出现匹配不是很到位的问题。另外,公共资源的浪费,设施设备材料的损耗以及一部分材料不可回收造成的环境污染,各国政府面对生活环境日益恶化、大自然气候变暖等问题,提出了"节能减排""低碳生活"等生活理念,号召人们行动起来,用自己的实际行动来推动环保理念的实施。2008年,原英国泰特(Tate)美术馆图书设计师佐伊·米勒(Zoe Miller)和大卫·古德曼(David Goodman)一同创办了积木品牌米勒·古德曼(Miller Goodman),如图1-13所示。25块色彩缤纷的积木,通过不同的组合方式,可以创造出生动有趣的脸谱。值得一提的是,橡胶木木块和油漆都是无毒环保材料。

图1-13　脸谱积木

现今，环保这一人文理念已经被大家广泛接受。致力于如何保护环境，在不伤害自然环境的前提下开发出可回收的材料或者可循环利用的环保理念，这一人文理念对公共设施的影响是不可小觑的，不管是在设计理念上还是材料的运用上以及空间的优化上等，都在贯彻这一主题。人们通过各种方式将这一主题付诸行动，从更大的环境上来说，环境受到破坏，灾害性气候频发，大家在使用公共设施时，应该更加注意环保理念的实施。

另一方面，随着生活压力的增加，这就要求公共设施能够给人以一种自然、舒服的使用体验。在公众需求的推动下，基于人文化的因素，公共设施设计才会不断地改进，更加贴合人的需求，不管是在生理还是心理，以及更高层次的需求上。

1.2 国内外公共设施的发展状况

在公共空间中，公共设施随着城市的发展而展现出不同的面貌。在世界各地，城市街道设施的发展都是极其不平衡的。比如，欧美以及一些经济发达的国家，工业化程度比较高，经济实力也相对比较雄厚，在城市街道等基础设施上的投入比较大，公共空间环境中公共设施的建设相对来说也比较完善，整体设计水平也比较高，在设计和实践方面他们有一套系统的理论知

1.2 PPT讲解

识。欧洲称公共设施为"城市元素""步行者道路家具"或"道路装置"。国外政府制定了法规条例保护公共设施建设，并且不时地出台各种政策改进街道设施的设计、管理和维护。在设计中不仅能够考虑到不同群体的使用需求，而且更加深入地探讨了在不同城市环境下的街道设施设计，使公共设施艺术设计结合当地文化特色，选取当地的自然材料以及传统的建筑元素，使设计与街区的自然地理环境、历史文化环境紧密结合，让人们切实感受到公共空间的自然风貌和风土人情，达到实用与艺术的高度统一。

国外早期的公共设施可以追溯到原始时代祭祖的公共场所，在古印度时期，就已经发现城市的存在，城里设有与其文化匹配的完善的公共设施，有浴室、水井、路灯、雕塑等场所。如图1-14所示，日本在江户时代，就存在水井和路标。

随着时间的推移，由于科学技术的发展以及新兴材料的运用，给公共设施提供了新的元素，如铁、塑料、玻璃等的运用。如图1-15所示赫托·吉马尔德（Hetor Guimard）设计的巴黎地铁的入口，就是在新艺术文化风格的背景下产生的，它注重用装饰手段来表现新的社会发展、新的技术和新的精神。1912年，美国学者戴蒙德（Diamond）在一次规划设计竞赛中首次提出了公共服务设施配置的观点。现在，公共设施在追求国际化的同时也在力求和本土文化相结合，能够体现本土的个性以及使其拉近人和物的关系，使人的生存环境具有人情味的艺术氛围，使产品融入城市当中。

图1-14　日本江户时代的水井

图1-15　巴黎地铁的入口

　　在我国古代，环境设施就已经出现，如祭祖用的青铜器，其表面雕刻了许多能产生庄严和神秘气氛的图形，这和当时的宗教、权力是密不可分的。如图1-16和图1-17所示，在中国封建社会，皇家园林无论是在总体规划上还是造型上，也都尽可能体现封建宗法与象征帝王权威，并且既具有游憩的功能，又可举行朝贺和处理政务。整体来说，在古代，公共设施和文化的结合还是恰到好处的，不管是从功能上还是从文化上，都处处体现当时的文化和政治制度。在近代，由于经济落后以及受国外文化的影响，本国文化开始慢慢流失，很多设计都没有了自己的特色。改革开放以后，由于经济快速增长，人们在精神上的需求也在提高，希望在精神上可以得到满足,因此如何摆脱现代水泥、钢铁、玻璃等材料给人带来的冷漠感,把本地的人文化带到设计当中,是现在我国公共设施研究的发展趋势。

图1-16　中国园林设计(一)

图1-17　中国园林设计(二)

1.2.1　城市公共设施的发展现状

　　城市公共设施设计是衡量一个国家或者一座城市居民生活水平、生活质量以及城市先进程度必不可少的一种参照体系,所以在不同的国家、不同的城市,由于受到不同方面因素的影响,城市公共设施设计之间有所不同。近年来,在城市经济发展和进步的同时,对城市居民的生活水平、交通便利程度、建设旅游景点等各个要素之间的合理配置及协调发展的要求越来越高,并在一定程度上取得了相应成效,但是大部分城市的公共设施设计存在着弊端。公共空间环境、公共设施设计、公共信息传播系统以及公共艺术表现形式等整体水平相对比较低,有些城市整体公共空间缺乏设计意识,各个局部、各部门、各领域自以为是,各自为战,在进行城市空间建设的过程中缺乏统一的领导,导致城市整体氛围与公共设施的风格发展不协调,缺乏本地文化内涵;公共设施数量少,制作工艺粗糙,地域文化特色凸显不明显;各种资讯标志、商业标识、公共照明设施以及公共交通设施由于项目实施时的负责人不同,且他们之间没有互相沟通,致使各种公共设施系统在设计的时候相互独立存在,与城市空间环境基本没有互相融合的节点。

　　建设城市环境是很有必要的,这样可以使人们有一种集体生活的概念。公共区域的建设水平和质量彰显了一个城市的水平和发展。如图1-18所示,马罗尼埃公园里面还存有不少废墟，里面的某些设施、功能，甚至一些雕塑，它们之间都是彼此不协调的。

图1-18　马罗尼埃公园

　　任何事物都有成功的案例，所以历史经验值得总结和汲取。同样是城市公共设施设计，西方先进的工业国也经历过这样的过程，但是它们凭借强劲的经济实力和科学的管理方式，以及人们积极配合城市公共空间设计过程中各部门的工作，最终以最短的时间，将损失降低到最小程度，不仅改善了他们的生活环境，还使人们越来越珍惜城市公共环境氛围的营造，促进了城市的发展以及综合能力的提升。例如，20世纪70年代以前日本城市空间中的井盖表面被设计成凹凸不平的简单几何纹样，主要的目的是为了雨天防滑，但美观性不足。如图1-19和图1-20所示，到了20世纪80年代初，日本各地为了宣传本地区特色文化和消除噪音对居民的困扰，对井盖重新进行了设计，并将日本特色文化元素，如植物、家族徽章、官方花卉、历史故事等作为设计题材应用其中，使每一座城市的井盖都体现着这座城市独有的地域文化，同时把原来圆柱形的井盖改为圆锥形，消除了噪音。此举促使越来越多的人投入到井盖设计事业中，促进了城市的快速发展。从总体上看，西方发达国家和地区由于经济实力雄厚，发现城市发展中的问题之后比较早地进行了城市综合治理及维护，并且取得了一定的成果。近年来，众多有识之士，通过不断地总结经验、对比，正朝着建设具有服务和人性化的方向不断前进，面对沉闷的城市公共空间、生态的失调以及文明异化现象，广大设计师和工程师、艺术家以及科学家等正在努力联合起来，为营造一个全新的生活环境而努力。可见，在进行城市公共设施设计时，不仅需要依靠科学技术进步，城市的综合实力还需要人们积极参与，只有将城市公共空间建设过程中涉及的各个领域、各个部门相互统一起来，才能营造出一个舒适的、和谐的、使人放松的并且适合人们长期居住、生产、生活的城市空间氛围。

图1-19 日本井盖设计（1）

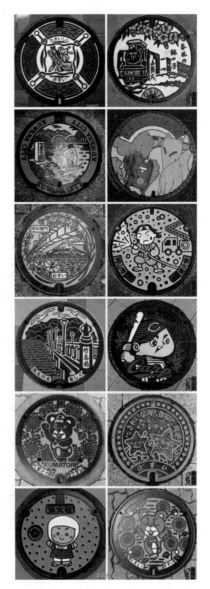

图1-20 日本井盖设计（2）

1.2.2 国内公共设施的发展现状

近年来，我国的许多城市也已经开始加快现代化城市建设的步伐，对公共设施的保护与更新进行了深入研究，并且注重城市发展过程中基础设施的完善，以及公共空间中公共设施设计方法的研究。

1. 实践层面

由于我国一些城市空间的设计观念赶不上城市化、经济全球化的进程，在进行城市空间设计的过程中对城市空间的长远发展问题考虑得比较欠缺，大多数都是在解决眼前比较棘手的城市空间建设问题，并将城市公共设施设计看成独立的个体与城市整体空间独立开来。我国城市空间公共设施主要面临着创新意识薄弱、与城市空间周围环境缺少必要的联系以及城市地域特色突出得不够明确等问题。要解决这些公共设施设计问题，要求我们要有整体设计观念，将城市空间内公共设施视为城市空间建设和发展过程中必不可少的设计要素。同时政府部门要大力扶持，培养专门的设计人才，对当地的文化背景、民风民俗及地域特色等进行深入研究，并选择符合当地经济持续发展的设计手法进行城市公共设施的设计，这样既可以保证城市公共设施与城市空间的整体融合，还可以传承城市地域文化特色。虽然我国一些城市在这方面做得不是很到位，但有几座城市的成功设计还是具有研究价值的。诸如著名建筑大师贝聿铭设计的苏州博物馆新馆，不管是在设计风格上还是在设计色彩上，都满足了当地的特色要求，是传统与现代完美结合的典范，更是苏州城又一新的地标性建筑；如图1-21和图1-22所示，陕西西安曲江芙蓉园街区具有民族特色的秦腔戏曲脸谱斑马线和关中皮影斑马线的设计，将陕西最具有代表性的民俗艺术元素应用其中，无不展现着当地的文化特色。

图1-21　脸谱斑马线

2. 理论层面

国内对于公共设施设计的理论研究方面，其中李超、李稳在《城市公共设施设计的思考》一文中，介绍了城市公共设施的概念、基本功能，并总结了公共设施对城市发展和居民生活质量的决定性作用，强调了公共设施是随着时间的推移而发展的城市设施，最后通过案例分析阐述公共设施与人的互动性是城市公共设施设计的发展趋势；王晓丹在《城市公共设施设计研究》一文中，对城市公共设施设计的发展历史和现状作了明确分析，全文在分析现有城市公共设施设计主要误区的基础之上，总结了城市公共设施设计的基本原则，并作出通过对城市公共设施设计进行系统全面分析后才能设计出优秀的作品这一重要结论；薛文凯在《现代公共环境设施设计》一文中阐述了不同的领域对城市公共设施设计有不同的理解，并赋予了城市公共设施设计不同的内涵，着重介绍了城市公共设施设计的系统性，并全面地、深入浅出地介绍了公共设施设计的相关理论知识，以及城市公共设施设计过程中应注意的细节；金龙在《城市文化在城市公共设施设计的应用》一文中介绍了城市公共设施设计在城市公共空间所发挥的重要作用，同时还是使城市公共空间变得丰富多彩的重要组成部分等；胡晓婷、李昌菊在《浅析城市文化在城市公共设计中的应用》一文中介绍了由于不同的传统、不同的人文以及不同的自然地理环境和不同的经济基础条件都会使城市空间建设不同，最终得出在进行城市公共空间设计的过程中一定要根据其自身的区域文化特色、历史文化进行城市建设，并考虑当地城市空间内各种文化的保护与利用的结论。由此看来，当今人们对城市公共设施设计的文章和著作虽然比较多，但是在有关城市公共设施设计人文化与空间关系，以及设计语言创新使用方面研究的相关文章却比较少，这是我国的研究现状。

图1-22 皮影斑马线

1.2.3 国外研究现状

1. 理论层面

欧洲对"公共设施"研究开始于19世纪下半叶的旧城改造。例如1853年的巴黎大改造，由当时的建筑规划部门设计了系统的城市公共设施，从小型建筑（如凉亭、露天货摊）到树木护栏、草地周围的铸铁栏杆，还有大量具有实用功能的公共座椅、垃圾桶、路灯等，城市的公共空间与这些基础公共设施一起运作，加强了社会各阶层的联系。欧洲作为工业革命和现代设计思想的发源地，它的城市公共设施发展有着得天独厚的客观背景，因此欧洲逐步建立了符合城市发展且较为完善的城市公共设施系统，其中更是有着不少优秀的公共设施设计范例。20世纪美国芝加哥世博会之后，城市美化运动席卷了欧美发达国家，使这些国家的城市公共设施得到发展，这场运动对城市公共设施的研究也起了一定的推动作用。20世纪下半叶，国外公共设施的研究迎来了发展实践后的对思想和方法的总结与反思，城市文化、时代科学、当代生活方式、社会经济、城市规划及建筑设计等领域的现实发展和理论研究，都成为公共设施研究的引擎，人们开始思考公共设施作为城市景观组成，在城市文化表达方面的作用。东亚国家中，日本对城市公共设施有着详细具体的分类和研究，尤其在公共设施与整体环境的适应性及协调性方面研究较为深入。

国外关于城市公共设施设计研究的学术著作也比比皆是。特别是1988年在加拿大渥太华召开了关于地域文化保护的重要会议，会议重点讨论了在经济全球化过程中要保护地方文化特色和民族文化特色，使它们更好地延续、发展下去。地方文化特色的发展表现形式可以说是多种多样的，它们可以作用在城市空间公共设施设计的过程中，从而间接体现城市空间内城市公共设施的作用是不可小觑的。该会议要求各个国家的政府部门应该将相关的城市特色文化视为可持续发展政策的重要组成部分，并要求各政府各部门要积极作出与社会其他各部门协调发展的重要决定。美国著名景观设计大师哈普林（Harping）在他那本关于现代城市景观的著作《都市》一书中说："一个都市对其都市景观的重视与否，可以从它所设置的街道桌椅和质量上体现出来。"针对人的行为心理所对应的城市公共设施设计研究，在扬·盖尔（Jan Gehl）的《交往与空间》一书中提出了良好的、恰当的尺度，更适合人们停留与驻足，而且好的街道界面能给人们留下深刻的印象，使人们对公共设施的体验产生一定兴趣。如图1-23所示，城市公共设施设计在台阶等设施中有凹凸设计，这样的设计无疑对人们的休息和停留有一定的吸引力。

图1-23　台阶座椅

2. 实践方面

从公共设施的实际发展状况看，北美城市的公共设施大多注重与自然景观的和谐关系，并选用天然材质。设计师通过贯彻连通性的理念并考虑生活在其中的人类尺度与环境的对应点，对8 km（5 英里）长的曼萨纳雷斯河岸进行了合理的组织和建设，如图1-24所示。它包括115公顷（284英亩）的公园、12座桥梁、6公顷（14.8英亩）的公共运动设施、表演场所、艺术中心、城市海滩、儿童游乐区和咖啡馆，还对水利建筑遗产进行了修复。在该景观的建设中，设计师结合了自然和人工要素，并考虑其持久性和代表性，更加升华公共空间的角色作用以及河流的发展过程。许多公园、散步场所和绿地的公共设施，也选用了石材、木材等与环境息息相关的天然材质，辅以尽可能少的加工，从而使公共设施与环境景观和谐共融，且更容易被当地人群亲近和接受。欧洲国家的公共设施设计因民族、文化的影响而各具特色。德国的公共设施设计趋向于现代主义，首先是以人为本、重视设施的功能和环境效应，使之有益于使用者和整体环境，然后基于环境意识进行统一规划，从而构成了一个整体的公共设施系统；意大利的公共设施拥有古典与现代两张面孔，是充满想象力及个性的代表，意大利设计师将功能主义、技术创新、艺术和他们对文化的理解相结合，赋予了公共设施人性与诗意的价值。意大利以动物作为装饰图案，设计了形态各异的公共座椅，增加了坐具的情感化效应，此外还有情感化的垃圾箱。

图1-24　曼萨纳雷斯河岸

日本的城市公共设施相较于其他亚洲国家更加完善，日本的城市公共设施设计关注精致的细节，按照人的需求对设施功能进行细分，透过人们的行为分析每个行为背后用户的真实需求和感受，同时倡导无障碍设计，为各类人群使用公共设施创造了公平的环境。除此之外，日本还善于借鉴他国经验，"二战"之后，日本的公共设施巧妙地将现代科技与本土地域文化相融合，注重民族传统文化，使公共设施体现出高品质的环境协调性。高质量的公共设施设计，提高了城市公共空间的利用率，也促进了人们的沟通，增进了人际交流，提高了人们的生活质量。如图1-25所示为日本佐贺县多久市空间系列标识，标识和坐具组合设计使其功能得到延伸。还有日本饰有花卉纹样和日本卡通人物的井盖，对枯燥的设施进行改造与装饰，成为城市的一道风景线。

图1-25　日本标识设计

　　关于人性化设计的研究，荷兰飞利浦公司设计了一款能够自己发光的椅子，其内部镶嵌LED灯，椅子会根据人们停留时间、就座人数等发出不同颜色、不同亮度。椅子发出的光线与椅子本身构成一定的私人空间，不仅将使用者包含其中，还可以将使用者与其他人很好地分开，这让我们惊奇地发现公共座椅也能体现出人、城市设施与社会之间的交往关系。德国西南角的城市弗莱堡与法国瑞士相毗邻，是一座因河道而发展起来的城市，其占地面积虽然不大，但是它在城市公共设施的设计上以及功能布局等方面都很有欧洲特色。例如，在该城市排列整齐的街道路灯设计上，简洁、朴素的灯头结构造型设计，无不体现着该城市既绅士又高雅的城市形象。除此之外，在城市整体公共设施设计上，采用了统一的材质和统一的色彩，包括地面的铺装以及公共空间的色调，都是当地历史形式的再现。如图1-26所示，印度是一个具有宗教色彩的国家，其公共设施设计的发展与当地的宗教文化有密切关系。宗教文化在印度80%的人口中扮演着重要角色，以至于当地的城市建设和公共设施设计具有印度教建筑的特点。由此可见，一个国家或一个区域有什么样的文化，其城市公共设施设计必定会受到相应的影响，只是由于受到影响程度的不同，致使城市公共设施设计的地域性也不同。

　　综上所述，欧美、日本等地的公共设施研究相对成熟，在公共设施设计研究中运用障碍设计、情感化设计等设计方法，和对地域文化的考虑、对使用者的关怀，使它们的公共设施给人舒适宜人的体验。我国的公共设施可以借鉴和学习国外公共设施研究和实践经验，从而更好地完善我国公共设施设计系统。

图1-26　印度建筑

1.2.4　我国公共设施设计存在的问题

公共设施是面向社会大众开放的交通、文化、娱乐、商业、金融、体育、文化古迹、行政办公等在公共场所为人们提供生活方便的固定设施。它是城市街道的组成元素，是构成街区本体的物质要素，是街区和公路廊道的所有非移动性因素。城市公共设施设计从客观角度上反映了一个城市的物质和精神文化特征，它与城市的整体形象密不可分。然而，目前国内许多城市处于旧城建设改造的大发展时期，公共环境的保护与更新往往受经济实力的制约和开发利益的左右，从而出现一些问题。

（1）人们对公共设施保护意识淡薄。如图1-27所示，一些具有历史文化和艺术价值的建筑遗迹被大量拆毁，或者是一味地仿古，失去原真性的假建筑大量涌现，导致建筑肌理被破坏。

（2）保护方式片面而单一，重建筑轻设施、重实质物体环境轻人文环境。

（3）对历史环境过度开发，全然不顾其丰富的历史文化价值，导致生态环境的恶化和城市历史文脉的隔断。

公共设施在设计过程中产生了很多误区。

（1）设施雷同现象严重，缺乏区域文化特征。部分城市在对公共空间进行改造的过程中，对于公共设施的设计往往采用拿来主义，一味模仿国外的一些优秀作品，千篇一律，过于程序化，人文环境中本应拥有的历史感和时间性被日趋统一和雷同化的倾向所冲淡。

（2）破旧不堪的公共设施影响空间环境面貌，设施配置明显不足。如垃圾桶等卫生街具设置数量不足，导致道路两旁有很多垃圾，遍地杂物，影响街区环境的美观；公共座椅等休憩设施数量缺失，难以聚集人气。

（3）设施位置摆放不合理。没有充分考虑人们的使用需求和行为习惯等，如座椅摆放在机动车道和人行道的中间，两边均没有倚靠，而且机动车道上多元化特征不明显。公共设施缺乏与气候、环境、建筑的协调性，没有考虑到当代应采用不断发展的设计理念、设计手法和实施技术等手段进行设计，整体给人不和谐的感觉，不能很好地融入公共环境并反映空间整体风貌和特色。

图1-27　被"涂鸦"的建筑

天津3号线的天津站和津湾广场站都是天津的大站，天津站为天津地铁2号线、3号线以及轻轨9号线的换乘站，又连接着天津的火车站，可以说是人员繁杂，是游客必经之站。如图1-28所示，天津站在地铁出口、连接天津火车站入口的位置设计了一幅以天津特色文化为主题的装饰壁画。壁画大致以天津的古建筑以及天津的婚丧嫁娶等民俗文化为主题，采用了意象的手法将所表达的地域文化装饰化，利用金属和铜色的历史感表达了一幅"老天津卫"的景象。不得不说材料与颜色的搭配极具复古的味道，但是壁画在构图上略显散漫，所包含的文化内容很多，但是能让人记住的很少，不能突出主要内容，只是一味地将文化覆盖在墙面上，没有考虑与地铁站的整体搭配。天津站出口较多，连接火车站的通道便有两三个，而此壁画位置较偏僻，很难让人注意到壁画的存在。

（4）设计中缺少对文化艺术的重视。例如，景观中的小品很少会有建筑师或艺术家能在设计阶段参与其中，只是在设计完成或完工后被告知这里要摆个东西，为增加文化氛围做"点缀"以填补文化的空缺，缺少文化因素的融入。甚至有的街区由于商业性开发，流失了大量的原著居民，缺少了风土民情和文化特色，失去了空间环境原有的"味道"。

因此，公共空间在保护和更新过程中要对公共设施设计的现状及存在的问题进行思考，促使我们对空间环境与公共设施设计的关联进行深入思考和研究。

图1-28　天津地铁站空间壁画

1.3 公共设施的分类

城市公共设施是一个完整的体系，涵盖的范围很广，体系内各要素层次分明。将城市公共设施系统内部的层次区分开，对全方位理解它的内涵以及外延都有着重要的指导意义，且有助于加深对城市公共设施体系的认识。因为不同城市之间或者同一城市之间的设计元素是不同的，所以城市公共设施类型也不同。从公共设施的功能性来看，可将其分为公共信息设施、公共照明设施、公共卫生设施、公共服务设施、公共交通设施、公共无障碍设施等类型。

1.3 PPT讲解

1. 城市公共信息设施

在人们的日常行为活动中，给人们提供咨询、信息的设施就是城市公共信息设施。随着城市经济结构的快速发展，城市公共信息设施在现代都市生活中为人们提供了越来越多的便利。它不仅能为人们的生活提供便利，还能促进城市各种文化快速发展，使城市特色文化的传递速度得到提升。城市公共信息设施涉及的范围相对比较广泛，内容丰富而不复杂，主要包括城市空间环境信息系统设施、商业信息系统设施、交通信息系统设施等。如图1-29～图1-35所示，具体表现为景点导向牌、商业广告、商业标语、标识、各种公共场所的导向牌、邮箱、时钟、地标、公交站点电子流动信息栏等，其都属于城市公共信息设施的具体范畴。城市公共信息设施出现的形式可以以单体的形式出现，也可以以群体的形式出现。但是所有的城市公共设施设计都应该遵循一定的程序性，因为杂乱无章的、设计不合理的城市公共信息设施设计容易导致信息标注不明确，不仅给人们带来理解上的偏差、妨碍信息传递的有效性，还有可能对居民生活质量、城市环境质量造成一定程度上的负面影响。

2. 城市公共照明设施

城市公共照明设施主要可分为两种类型，一种是城市空间交通照明设施，另一种是城市空间景观照明设施。交通照明系统主要是为居民在夜间行车或者夜间步行过程中的安全而设置在城市中的公共设施，可以根据设置环境的不同以及服务类型的不同，将城市交通照明系统分为交通低位灯、步行道灯、道路主干道灯和停车场灯以及专用灯和高柱灯等几种类型。如图1-36所示，低位灯一般是在人眼水平线以下的位置，整个灯的柱身高度一般不会超过1m，通常情况下会将这种灯饰放置在宅院、庭院或者公园内的散步街道上等各种休息区域，以营造出亲切且温馨的环境氛围。如图1-37所示，步行道路灯通常都位于道路两侧，且等距离地排列于道路两侧，是为了方便人们出行安全的设施，当然因不同的需求在布置的过程中也可以采用相对比较自由的方式布置在道路两侧。主干道灯和停车场灯，由于此类光源在设置的过程中要考虑光线的照射角度问题，为了能减少这类光源对场外环境造成干扰，对其设置要求还是比较严格的，但是没有特殊要求，一定要采用比较强的光源进行设置，且两个灯之间的距离不要相隔得太远。

图1-29　景点导向牌

图1-30　商业广告

图1-31　指示导向牌

图1-32　公交站站牌广告

图1-33　地标建筑

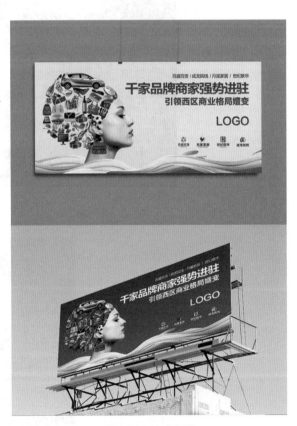

图1-34　商业招牌

图1-35　广告牌

图1-36　低位灯

图1-37　步行道路灯

　　专用灯主要是针对某个特定空间而设置的照明设施，属于区域照明的一种，如图1-38所示，通常情况下是指设置于工厂、仓库、加油站、健身场等特定场所的专用灯具。高柱灯也属于区域照明的范畴，它的照射范围相对于专用灯的照射范围更大，如图1-39和图1-40所示，一般设置在大型广场、大型停车场以及大型体育场、大型会展中心等区域，而且高度能达到40m内的空间范围，为此这种类型的灯具还有一个别称，就是"灯塔"，以此来形容它的高大。

图1-38　加油站照明设施

图1-39　灯塔

图1-40　天津站前广场

景观照明系统一般更能受到人们的喜爱。景观公共照明设施不仅能为行人、居民提供照明安全的作用，对于相应的城市景观还起到衬托景物、装饰整个环境空间和烘托城市环境氛围的双重作用。根据景观照明方式以及照明对象的不同，可以将景观照明设施分为隐蔽式和表露式两种形式。景观照明设施的隐蔽照明主要是指将光源遮挡起来或者是埋在地下的一种表现形式，如图1-41所示，这种照明的表现形式主要是为了烘托出景物的基本形态特征，勾勒建筑或场景轮廓的一种表达方式，以营造城市夜间的空间层次感；景观照明设施的表露照明，主要是裸露在场景空间中的照明方式，如图1-42所示，它可以以单体的形式表现，也可以根据不同的需求以群体的形式表现，为城市空间营造独特的夜晚灯光景观。表露照明展现出来的景观灯要求灯与景观之间要相互融合、相互渗透、相辅相成。换句话说，就是景观为表露照明设施提供一定的照明空间，表露照明设施同时又融于景观之中，展现其景观的特质，这种照明主体可以说既是景观供人们观赏，又是照明设施，为人们提供便利。因而在进行相关设计的过程中，既要注重其作为照明设施的夜晚效果，还要考虑其作为景观设施时的白天效果，要特别注意它自身造型结构与周围环境背景的协调统一。此类公共照明设施主要包括霓虹灯、探照灯、激光束、装饰彩灯等几种类型。

3. 城市公共卫生设施

公共卫生设施的设计目的就是为了拥有整洁的城市面貌。城市公共卫生设施设计以满足人们室外活动对卫生条件的需求、审美需求，作为公共卫生设施设计的根本出发点，以此来提高整座城市的文明程度。如图1-43和图1-44所示，城市垃圾箱、公共卫生间、公共饮水器、洗手器等都属于公共卫生设施。城市公共卫生设施是城市公共设施中比较特殊的一个系统，在设计的过程中需要与城市的排水系统以及其他的公共设施相互联系为一个统一的整体，因为公共卫生设施在使用时需要供给大量的水源，所以对这一部分的设计要统一规划、合理配置、加强管理。同时还需要注意的就是使用者和管理者之间要相互配合，这样才能使城市公共卫生设施更好地发挥其特有的作用。

图1-41　隐蔽照明

图1-42　表露照明

图1-43　城市垃圾箱

图1-44　公共卫生间

4. 城市公共休息服务设施

城市公共休息服务设施在几种设置类型中所占地位是非常重要的。如图1-45所示，城市空间内的城市公共休息设施不仅可以使人们的身体得到放松，还为人们提供了相互交流、沟通、缓解精神压力的平台，体现了政府在精神文明方面对广大市民的关爱，并反映出市民之间的相互交往和公众之间感情与利益之间的相互尊重，这是城市公共休息服务设施设计多元化的发展趋势。

图1-45　公共休息区域

5. 城市公共交通设施

　　城市中围绕着交通安全方面的城市公共设施的种类比较多，不同的公共设施具有不同的作用，但是它们设置的最主要目的都是为人们日常出行带来便利。由于城市交通工具种类繁多，不同的交通工具产生了不同层面上的人与交通工具的各种形式的连接点，致使城市公共交通设施的形式多种多样。如图1-46～图1-48所示，其中主要包括候车站、地铁站、隔离带、路障设施、红绿灯、盲道、人行斑马线、护栏、减速装置、车辆停放处、加油站等交通设施。在城市中，这些公共交通设施不仅具有一定的实用作用，而且符合城市整体空间的审美要求，它们对于城市公共空间内混乱局面的改变，以及城市细节和形象的塑造发挥了重要作用，为城市空间注入了新的活力。

图1-46　香港斑马线

图1-47　地铁站

图1-48　火车站

6.城市公共无障碍设施

　　障碍是指现实生活中不利于残疾人或行动不便的老人、儿童使用的设施和无法通行的区域。无障碍设计主要是为那些残疾人或行动不便的老人、儿童提供便利行动的设施。城市空间环境中的无障碍设计主要可分为城市交通设施无障碍设计，公共场所无障碍通道设计（如停车场无障碍设计），道路无障碍设计（如人行道、建筑出入口、地下通道等无障碍设计），交通运输工具使用上的无障碍设计，城市公共信息设施的无障碍设计以及城市公共服务、休闲设施的公共服务台无障碍设计，公共卫生间的无障碍设计等。城市空间中的无障碍设施设计不仅能衡量一座城市的生活水平标准，还能展现一座城市物质文明和精神文明以及社会进步的程度。无障碍设施设计的技术和开发是一项比较全面的设计工程，需要各个部门（如立法部门、教育、科研以及监督等部门）和施工企业相互协调的综合性工作。在进行城市公共设施设计的过程中只有满足人们的生理需求、安全需求、社会需求、尊重需求和自我实现等需求，才能达到社会、人、城市之间的相互融合，才能体现以人为本的设计理念，才能为人们创造一个舒适的生活环境。在进行城市公共无障碍设施设计的过程中，更应该为那些生活不便、出行不便的老人、残疾人、儿童提供特殊的照顾以满足这五大需求，建设一个积极向上、以人为本的健康社会。城市空间内的城市公共休息服务设施的范围是非常广泛的，凉亭（见图1-49）、棚架、长廊、健身器材（见图1-50）、娱乐设施、售货服务厅、售货机等，把审美价值、使用价值等价值观念融入到城市公共休息服务设施设计上进行展现，目的是为了满足不同人群的物质需求和精神需求，为提高生活质量和工作质量创造一定的条件，从而缓解人们在生活中的各种压力。

图1-49　凉亭

图1-50　健身器材

公共设施在具有最基本的功能外，还应表现不同城市的文化特征。公共设施的出现是时代进步的体现，同时也是由于大众需求而相应产生的，满足不同人群的生理以及心理情感需求，既是实时的，也是顺应了社会的发展而在不断地推陈出新。公共设施的发展也是对人的一种侧面的反映和体现，人的活动的迹象都会在其身上体现，新材料的运用、新技术的革新、新工业时代的到来都会在设计师设计公共设施时有所体现。公共设施是一个时代的缩影也是新的时代来临的具体体现。在本章主要阐述了公共设施的产生和发展的历史以及今后的

发展趋势，指出了公共设施的具体分类，为接下来的内容做了深层次的铺垫，扩展了公共设施的基本功能以及其代表的扩展意义，不仅展现了经济基础，也可以客观反映城市居民的生活习惯以及文化背景之间的相互关系。

简答题

1. 简述国内外公共设施设计的发展现状。
2. 如何解决我国公共设施设计中存在的问题？

实训课堂

实训课题一：论述城市公共设施设计。

（1）内容：以北京公共设施设计为例，论述怎样设计出适合于公共空间的设施。

（2）要求：不少于1000字。

第2章

公共设施与公共空间的关系

学习要点及目标

1. 了解公共空间对公共设施设计的影响。
2. 掌握公共设施与公共环境存在的整体性问题。

本章导读

　　城市公共空间是指城市中的开放空间，这样的开放性空间是城市居民举行各种活动的地方，具有服务于公众的功能。城市公共空间主要包括山林、水系等自然环境，它的综合水平的体现主要在于公共空间建设的整体质量，所以，应该对其给予特别关注，特别是规划城市者。从总体上说，城市公共空间是便于市民活动、休息、交往的场所。

　　城市公共空间需要把握以下要点。

　　（1）公共场所是服务于大众的场所，可为城市的居民提供交往的机会，使人与环境更融洽地结合，达到以人为本的目的。

　　（2）城市公共空间要满足其功能性，它受环境的制约，同时展现着城市空间的实用性。

　　（3）空间中最重要的是，把所把握空间比例的应用。

　　（4）城市公共空间的功能性极其重要，它决定着市民的生活质量，功能性的发展程度决定着城市市民活动的内容。

　　（5）公共休息设施在城市公共空间中起着重要作用，在众多休闲场所中应用广泛，所以先明确了城市空间的定义，便于更透彻地论述公共设施。

　　华中农业大学狮子山广场，处于整个校园南北轴线的中央，是学校的中心广场，现在正在改建过程中。改建前广场布局，只有大面积的硬质铺装和几块大片的草地，显得过于简单，过大的尺度和过于开阔的视野使操场仅在迎新这种大型活动时因为面积大而被利用，平时只是作为交通空间用来连接两条东西向道路。另外由于没有高大树木及灌木，只有草皮起到绿化作用，在武汉这样一个被称之为"火炉"的城市里，平时炎热的太阳都会晒得人们难以忍受，没有庇荫的地点，即使需要穿越广场的人也会选择绕行，就这样，偌大的广场空无一人，所以学校决定以修建人文楼与第二图书馆为契机重新打造学校中心广场。

　　如图2-1所示，改建遵循了"简洁流畅、自然朴素和以人为本"的原则，目标定为建设绿色生态校园，建设中突出体现学校百年历史文化和办学特色，要求具有交通、集会、展示等功能。按照上海市园林设计院设计的方案规划其总面积为30075km²，硬地广场面积18783km²，整个广场绿化覆盖面积20979km²，绿化率65%。整个广场的规划将充分考虑到学校百年历史传承和办学特色，并且具有时代感。由北向南依次设计成可供大量人群集会的硬地广场、绿化广场、多方向人流的交通空间、开阔大草坪的自然绿化空间及立体绿化空间用来强化交通联系，另外在狮子山大道两侧设计了水池，考虑到中心广场位于中心教学区，设计了多条道路解决上下课时人流量大的问题，体现以人为本的情怀。

　　此外，为了有效地减少广场的空旷带给人的距离感，设计者将一整片广场在空间上分成三个层次。同时在中部密集树阵营造的阴凉处设计有许多精致的长条坐凳，方便同学学习交流。

图2-1　狮子山广场

2.1　公共空间对公共设施设计的影响

公共空间为人们提供了活动和交往的场所，它是城市公共空间体系中的重要组成部分，它与城市居民之间关系最密切、接触最多。在公共空间中，公共设施发挥着使用、审美、文化、经济、引导意识等多种重要功能和作用。公共设施的设置与设计可有效地反映公共环境的特色，它在某种程度上代表着空间环境的形象和特征。公共空间与公共设施之间具有密切的联系。

2.1　PPT讲解

2.1.1　公共空间是公共设施设计的视觉形象界定

公共空间展示着城市历史文化发展脉络，其建筑风格、城市公共艺术、雕塑、岁月积累的历史文化氛围等共同构成了环境主体形象，极大地影响着公共设施设计的特征，并形成具有与街区相似的视觉风格。如图2-2所示，作为十三朝古都的西安，其回民街的路灯通过古代"马灯"的造型，展现出古城韵味，达到与街区风格的互融。意大利米兰部分街区的路面用各种颜色的大理石镶嵌而成，展示出精湛的建筑艺术和悠久的文化气息。又如为保持巴黎1600年历史的古城风格，法国在20世纪80年代再次开始了文化振兴活动，从城市的风格来决定公共设施的设计和施工。巴黎的每一项设施都是通过精雕细琢的，受到各种充满历史艺术气息的城市街区细节的影响，如图2-3所示，为巴黎街头拜占庭圆顶式样的广告柱与公用电话亭。公共空间的文化特质、视觉形象对公共设施的造型设计具有决定性影响。

图2-2　西安路灯

图2-3　巴黎电话亭

2.1.2　公共设施是构成公共空间环境的重要组成部分

　　在《街道的美学》一书中，芦原义信将格式塔心理学应用到街道景观设计中，他认为街道应具有轮廓清晰的"图形"的形象，又将该理论拓展到城市公共空间的公共设施设计应用中。空间环境按照结构可划分为底界面、顶界面和围合界面。底界面主要是由区域地面铺装、道路、游廊、水景、景观绿植等共同拼合而成；顶界面则主要是自然天空；围合界面不仅包括区域立面围墙，而且由牌坊、大门、绿植等共同围合成整片区域的地域空间。空间界面中，底界面的道路和顶界面的天空对空间氛围的影响比较小，通常情况下决定一个城市空间环境氛围的是围合界面，主要是建筑立面。而公共设施共同围合成的一片区域，成为构成空间中的重要元素。它在体量上虽不及建筑物，但也是除建筑物之外较重要的界面之一，以特定的形态、色调和材料质感一同构成整体的景观环境。清晰、艺术化的公共设施能够从视觉上带给人们最鲜明的区域特色，能够唤起人们对于城市的记忆，它是构成公共空间环境的重要组成部分。

公共设施从一个客观的角度反映了其所在空间环境的物质文化丰富程度和精神文化内涵，它注重历史与周围环境的结合，在公共空间环境的保护和更新过程中，公共设施的设计应既具有历史风貌特点，展现当地文化特色，又应具有很高的地域文化识别度，强调城市文化特性，表现该地区的自然环境、建筑景观风格、生活方式、文化心理、审美情趣、民俗传统、宗教信仰等方面的内容。公共设施是体现城市的文化、品位以及形象的重要内容。如图2-4所示，英国在这方面做得相当早且相当成熟，以至于他们至今仍使用着古老风格的公共设施，并将其大量地设置在任何一个需要它的角落，如各式各样的街灯、经典标志性的红色电话亭、公共座椅，黑色的铁艺护栏等设施。这些跳跃的节点和斑驳的墙体一起构成了城市亮丽的风景线，散发着浓郁的文化气息。同时起到了传递社会文化脉络和承载景观环境地域特征的作用，体现了人的活动、公共空间、公共设施三者之间的和谐关系。又如，在我国的苏州平江路，一些公共设施从材质、色彩到造型的设计运用上，达到了与周围环境的和谐统一，展现出浓郁的东方气息和文化底蕴。公共设施的形态等视觉特征受到了整个街区空间环境以及建筑形式的影响，与街区景观建筑相协调的公共设施设计从多方面反映了公共空间的整体风格，体现了街区的特色风貌。

图2-4　英国博德莱安图书馆

2.1.3　公共设施是激发人们空间多种活动的重要元素

作为城市景观重要组成部分的公共设施，满足了市民生存交往的环境需求，成为城市欣赏美、生活体验、日常性视觉审美的客体。扬·盖尔（Jan Gehl）在《交往与空间》一书中将人们在户外公共空间中的活动划分为必要性活动、自发性活动和社会性活动三种类型。他强调"活动是引人入胜的景观因素""有机会耳闻目睹众生相，结识各种各样的人，是市中心区和步行街上最吸引人的特色"。

户外活动对于个人身心健康是非常必要的，这主要是人的自身需要和内因的变化，同时也与外界环境水平密切相关。在城市的公共空间环境中，人们的各种活动都与公共设施有着或多或少的联系，这些活动的产生引发了人们对不同公共设施的不同使用要求。无论是人们上班、购物、候车等必要的活动，还是在公共区域中散步、闲逛、游览、驻足观望等自发性活动以及招呼、交谈等社交性活动，都需要有相应的公共设施来服务并使这些活动有效完成，因此，公共设施是公共空间环境中不可缺少的重要元素。如图2-5所示，它不仅向人们直观地传达城市中某个地段的特色元素，同时也是支持和满足该街区人们必要性、自发性和社会活动的工具，是促使人们行为活动的场所媒介。

图2-5　成都宽窄巷子

2.1.4　公共设施是城市空间环境外在形象体现

简·雅各布斯（Jane Jacobs）在《美国大城市的消亡与生长》一书中曾说过："当我们想到一座城市时，首先出现在脑海里的就是环境。公共空间有生气，城市就有生气；公共空间沉闷，城市也就沉闷。"公共空间作为传承城市历史传统、文化发展脉络的重要机构，其内部各类建筑、雕塑、文物，以及经过岁月积累的文化氛围等共同组成了区域环境的主体形象和空间氛围。

公共空间中公共设施在人们的视觉上形成了许多节点与记忆，特别是在特定地域中环境与视觉节点的结合，不仅形成了信息交换、意见沟通及休息的中心，更自然地形成了城市历史、空间风格的重要形象载体，从点、线、面的层面，通过形、色、质等丰富了城市视觉审美语言。有关科学测定表明，人们感受一座城市空间环境的外部环境信息，80%来源于人们视觉上的直观感受。每一座城市都有自己的特色和个性，对公共设施也有着不同的需求，具有鲜明地域特色的公共设施恰好能够体现出每座城市的文化背景和发展特性。所以，公共设施不仅是公共空间环境中的组成部分，更是城市空间环境的外在形象体现，承载着当地的风土人情、历史文化印记。在对公共空间更新与改造的同时，除了必须重视对空间的整体格局宏观上的考虑，更应该重视对构成公共空间中设施因素微观上的研究，对于公共空间中公共设施的设计显得尤其重要和必要。英国、德国、法国等欧洲国家以及日本，在公共空间环境的营造和陈设设施的构建方面比较成熟，都有较好的示范性。如图2-6所示，日本建筑大师安藤忠雄将芝加哥一座20世纪初的四层砖楼，改造成了一座用于展览建筑与社交艺术的公共展览馆。建筑内部几乎被挖空，重新填上最熟悉的"安藤混凝土"构架的空间，打造出具有艺术气息的建筑。

图2-6 展厅设计

公共设施设计是城市不可缺少的构成元素，是城市的细部设计。它的主要目的是完善城市的使用功能，满足公共环境中人们的生活需求，方便人们的行为，提高人们的生活质量和工作效率。公共设施的优势表现在实用性，它是公共空间艺术的重要组成部分，是整个空间环境的重要组成部分。在环境中所发挥的效用，除了自身的实用功能外，还具有装饰性和意象性，因此，公共设施的创意和视觉形象是体现一个城市文化品位以及形象的重要内容。

2.1.5 公共设施是城市空间历史记忆的承载物

每个城市在历史发展过程中，其历史、文化、宗教、民俗等都是通过独特的城市景观变成为人们头脑中的老城记忆，成为可看可触的符号。这种符号往往与区域民众头脑中隐含的、驾驭其社会行为并产生文化认同的区域思维方式相吻合，是地域文化的一个重要组成部分。公共空间是城市的骨架，它有着特定历史时期的传统特色风貌，承载着城市的历史记忆。人们可以通过环境设施观察到城市的历史轨迹，认识到城市所特有的文化、风土民俗等。公共设施设计与布置是区域特色环境的重要体现，在某种程度上代表着空间的形象和特征，同时也是反映城市本土化生活方式的舞台。如图2-7所示，苏州的"小桥、流水、人家""粉墙黛瓦"形象已深深地刻入了城市的历史记忆，将这些形象符号化后运用于公共设施设计中，能唤起民众的地域归属感和文化认同感。如图2-8所示，西安大唐芙蓉园中的设施设计，处处彰显着唐文化气息，从唐建筑结构中提取造型的木质简介牌、标识牌、庭院灯等，时时向观者诉说着西安曾经盛极一时的唐都繁华，表现了唐韵盛景曲水丹青的主题。

图2-7　苏州园林图

图2-8　大唐芙蓉园

在城市现代化发展过程中，公共空间的公共设施设计应将这些历史记忆运用其中，根植于城市的历史文脉肌理进行现代设施设计，"留住"城市的历史记忆。

2.2　公共设施在城市公共空间的功能

2.2.1　公共空间的价值

城市是社会持续发展的产物，城市中的空间环境则是城市的灵魂和血肉，反映了一定时期城市发展的历史进程，记载着城市发展的信息。人们可以从历史遗留下来的建筑、街道、广场、生活方式等多方面了解过去，了解城市和它的个性。我们通过对城市个性的研究，可以发掘城市特点产生的根源，了解城市产生文化环境、风俗习惯的历史渊源与现实的联系。在我国的发展史上，很多城市遗留下来的

2.2 PPT讲解

公共设施都留有城市发展的足迹,有着丰富的历史文化、艺术、社会等价值。

1. 历史文化价值

据吴良镛先生分析,影响建筑创作的因素有日常的愿望、文化、气候、技术,其中最重要的便是文化力量。一个缺乏特色的城市,充其量只是钢筋水泥的堆砌体而丧失了由历史文化铸就的人文精神。高楼大厦、宽街大道、激光霓虹是城市现代化的标志,但倘若缺少历史文化,缺少人文精神,再高的楼、再宽的街也无法弥补这种文化精神的缺失。因此公共设施不仅拥有创新的造型,也应该诉说出古老的历史和文明。

首先,公共空间是一座城市历史发展的见证,记载着城市发展的足迹,对于了解城市的文明发展、城市发展历程有着直接见证作用。其次,不同的城市有着不同的发展历程,形成了不同的历史风貌和建筑形式,体现着不同的城市个性和特点。再次,公共空间是城市的一部活着的历史书,它集中记载和体现着城市生活,是最具有城市个性的场所,也是地方风俗习惯的"容器"。如图2-9和图2-10所示,漫步在具有历史气息的公共空间中,能让人们感觉和体会到一座城市的美丽、特点和个性,同时可以去解读这座城市,了解它的过去,发现它的足迹。一个没有文化的城市,是一个贫血的城市,一个没有历史的城市,是一个没有品位的城市。

2. 艺术价值

如图2-11和图2-12所示,公共空间中存在着大量的具有很高艺术性的建筑物、构筑物、雕刻、场所和空间等,反映了特定历史时期的文化发展、审美情趣和艺术水平,印证了我们艺术发展的历史轨迹,具有极高的艺术价值。也许单个的建筑物不具有很卓越的美学价值,但是它们与相邻的建筑物、周围的环境以及生活在其中的人们共同形成了这一区域的特点。这种整体环境表达了城市某一时期的历史面貌,营造出一定的文化氛围,这是孤立的单幢文物建筑难以做到的。

图2-9 历史文化走廊(1)

图2-10 历史文化走廊（2）

图2-11 浮雕壁画之神农尝草

图2-12 浮雕壁画之女娲造人

3. 社会价值

英国规划专家鲍尔（Ball）在《城市的发展过程》一书中说道："这些地区往往存在着一种长期建立起来的阶层文化，成为家庭与亲友之间相互依存的纽带，人们与周围环境等有着亲密而稳固的关系，是他们生活的一部分。"

公共空间的社会价值是人们长期居住、工作、生活在这里，建立起来的一种社会网络，这种无形的网络是人们生活的动力和依靠。空间环境由于历史的积淀，其空间结构相对稳定，人与人之间也结成了相对稳定和丰富的社会网络。在这种社会网络的生活中，人与人之间、人与物之间不断地进行着各种交流，人对环境注入了情感，物质环境成为人化环境。同时，公共空间尺度宜人，具有丰富的人情味。如图2-13所示，公共空间的私有化使用，使其充满了多色彩、多情调和公共生活气息，其中气氛对人们有着良好的教化作用，同时又使居民产生很好的安全感和归宿感，这种社会网络是人们生活的动力和依靠，对老年人更是如此。

图2-13 民宿

2.2.2 公共空间中公共设施的功能构成和分类

人们过去常常把公共设施的职能简单地分成使用和装饰两类，近年来，随着经济社会的发展，对公共设施有了进一步的关注，更加注重精神文化设计，将使用与美观、舒适性有机地结合起来。公共设施是多种性质功能的载体，虽然内容和形式处于不断消亡与产生、更新与变异、潜流与主流的交替变化中，但其基本的功能内涵是始终不变的，并由内而外地影响着形式的发展。

城市空间积累了丰富的历史信息，城市的历史文化要通过一定的文化基础设施来体现，每个城市的文化都是通过各种文化设施、建筑风格等和其他城市相区别，体现出特定的文化意蕴和街区个性。因此，城市公共空间中公共设施的功能结构包括使用、审美、文化、空间划分等功能。

1. 使用功能

使用功能是公共设施所具有的效用。作为具有公共性的设施产品，通过使用功能来服务大众是设施自身所具有的基本功能，也是产品和使用者之间建立起的一种基本的关系，因而具有普遍性。公共空间中公共设施应满足不同人群的公共性需求，包括为公众提供使用服务、便利服务、安全防护服务、情报服务等。它具有便于使用、易于操作，适用于绝大部分人群的功能特性。公共设施所提供的功能服务是设施的外在显现，是首先被大众所感知的物质性功能。

公共空间中公共设施的使用功能通常具有双重性，可将其进一步细分为主要功能和附属功能。附属功能即在主要功能基础上进行次要功能的叠加。如图2-14和图2-15所示，阅报栏同时具有天气和时间提示的功能，候车亭同时具有遮阳避雨、休息和信息传递等功能，其中前者是主要功能，后者是附属功能。

图2-14　阅报栏

图2-15　候车亭

2. 审美功能

公共空间中的公共设施是城市街区景观环境中十分重要的"道具"，是空间环境公共性和交流性的产物。它不仅反映了整个区域的地域性文化特色的风貌，同样也展示了城市的历史文化特征。公共设施的审美功能在公共空间中主要表现为设施的"景观艺术性"，不管是纯景观功能的公共设施还是兼具使用功能与景观功能的公共设施，都是公共空间景观构成的参与者，具有反映城市历史、地域文化、公众审美心理的内涵。环境设施更多地作为硬质景观而存在，其具体的体量、形态、色彩、材料以及装饰都直接体现出特定空间环境的形象和内涵，并与周围的环境相呼应，起着丰富、强化城市景观环境的作用。如图2-16所示，福州三坊七巷的传统民居建筑的封火墙装饰充分利用当地材料、工艺和技术的特长，因地制宜，就地取材，其封火墙盛行在脊坠或飞翘的翼角处作泥塑，上刻云纹或其他图案装饰，刻画精致，形态逼真，丰富了建筑的空间形式和造型，具有很高的艺术价值和观赏价值，丰富了人们的视觉审美语言并增强人们的记忆。其中有许多与构建的结构性能巧妙配合，达到天衣无缝的效果。这些细节在比例、尺度、处理手法等方面体现出居住者的艺术文化修养和富有程度，反映了福州三坊七巷当时富绅宅第、民居建筑的艺术风格和地方特色。公共设施的审美功能，从根本上协调了人与环境之间的和谐关系，丰富了人们的视觉美感，增强了设施的艺术美感和文化魅力。

图2-16 封火墙

3. 文化功能

每个城市的文化都是通过各种建筑风格、景观规划、公共设施等区别于其他城市。公共设施反映着城市的空间特征和文化意蕴，在展示场所文化个性的过程中发挥着重要作用。公共设施特定的形态、色彩、材料、构件细节、比例、图案以及形成的整体风格，反映了空间环境的文化、历史、宗教、民俗以及地域性文化的源流。如图2-17～2-21所示，日本的公共设施多采用木构架，韩国街头的设施多采用石材，韩国景福宫的公共设施多借用宫殿屋檐的形式，西方的柱头与壁画，中国园林的假山流水等，这些都是不同空间环境传统文化与地域文化的提炼与展现，在公共设施的设计中是十分常见的。而现在公共空间中的公共设施设计所引用的文化符号更加多样化。注重把握时代特点，用新的视觉风格表达时代文化，参与城市现代文化和新特色的构成，体现了全新技术文化与地方文化之间的互动。文化功能多样化主要可分为直接性和间接性两种类型。直接性的表达即以特殊符号标志的构件直接表现文化、历史或理念，例如建筑周边的设施多以具体的符号性构件出现。间接性的表达是指很多设施表达相对含蓄，采用抽象的形式、图案等，与设施的功能性结合较好，主要表现在现代空间环境中。如日本东京街头的地面铺装设施设计，不同地域的地面铺装作为文化的展示，丰富了人们的视觉审美语言，并且便于识别和记忆，体现出现代环境中的文化传统和内涵。

4. 空间划分功能

扬·盖尔（Jan Gehl）在《交往与空间》一书中提到，合理的设施布置会增加人员的流动，公共设施的布局和有效分割空间是源于人生理和心理的需要：大多数人步行活动半径为

400m～500m，如果希望从家中只走500m就可以看见别人的活动，就必须精心地将各种活动和设施集中安排，只要空间和设施的布局稍有分散，或者距离略大，就会令人索然无味，不可能有丰富的感受。

因此，公共设施在建设时通过改变形态、数量、空间布置等方法，在形式上和空间上起到了空间分割的功能。公共设施以其丰富的变化和布局排列发挥着空间划分及营造环境氛围的作用。这种空间划分可以是以公共设施为单元，在固定的距离重复使用，即运用排列组合的方式来划分空间。如图2-22所示，斯德哥尔摩地铁站由于利用炸裂美化了地铁长廊，艺术的加入常把较长的地铁路程转化成人与环境之间的和谐关系，丰富了人们的视觉美感，增强了设施的艺术美感和文化魅力。

图2-17　中国园林

图2-18　日本木构架建筑

图2-19　韩国景福宫

图2-20 韩国石材建筑

图2-21 西方建筑

图2-22 斯德哥尔摩地铁站

2.3 公共设施与公共环境的整体性原则

公共设施整体性设计是指对公共设施设计自身以及公共空间环境进行整体跨学科地综合分析与研究，从公共艺术的角度进行整体的规划与设计，它是城市整体环境的一个重要组成部分。公共设施整体性设计是以公共设施设计与城市规划、公共设施与城市景观、公共设施与建筑、公共设施与城市色彩、公共设施与人等整体环境为目标，从系统思维的角度，以整体性设计为核心，把公共设施自身与其复杂的背景环境作为一个不可分割的整体进行研究与设计的。

2.3 PPT讲解

整体性设计概念的提出，最早是针对城市建设中城市规划与建筑设计的割裂，为强调空间形态的完整与功能的统一而提出的。现代城市建设的状况是不单纯的城市规划与建设设计的一种割裂的状态，城市规划、建筑设计与公共设施设计也是一种割裂的状态。城市规划几乎没有把公共设施艺术纳入城市规划与设计范畴，现代建筑也几乎去掉了所有的建筑艺术与装饰，公共设施作品设计也缺乏对城市规划与建筑设计的考虑，而城市公共空间又需要公共设施装点与美化，以提升品质与文化氛围。城市公共空间中随意设置的公共设施造成了整体协调关系的缺失，从而影响城市公共空间环境品质的提升。城市规划、建筑设计与公共设施设计的这种割裂状态是由于现代城市建设分工越来越细，学科研究与分类越来越细的结果，这种分工与分类不利于现代城市公共空间中较为复杂问题的解决，因为城市是由不同局部构成的相互联系的整体，城市中的各个有机部分都不是孤立与局部的，其中任何部分所出现的问题都会影响城市的整体建设与发展的整体效果。城市公共空间中所出现的问题往往涉及城市方方面面较为复杂的问题，这就要求我们在解决这些问题时，要用一种整体与系统的思维方式，从城市公共活动空间的角度通过相互的沟通与合作解决城市公共空间出现的种种问题。图2-23所示是莫斯科地铁站，它享有"地下的艺术殿堂"之美称。

图2-23 莫斯科地铁站

公共设施设计是以城市公共空间和景观环境场所为背景的艺术设计形式，在建筑室内外公共空间环境、街道、广场和社区中的公共艺术作品往往是构成特定景观环境的主体和视觉中心，在城市历史与文化呈现、空间形态、尺寸比例、色彩设计等方面都要和周围的环境形成协调的关系，构成与建筑及整个人文环境和自然环境的协调与完整。对于公共设施整体性设计而言，设计内容主要从以下几个层面来考虑：一是城市文化层面；二是城市规划层面，包括城市景观规划与设计、建筑群体、街道、广场、绿地等；三是城市景观层面；四是城市建筑与城市建筑色彩环境层面，包括建筑的实体形态、建筑色彩与空间。

2.3.1 城市文化层面

公共设施整体性设计首先要考虑的是城市文化层面。公共设施设置于城市公共空间中，以城市环境为背景，和城市环境进行有机组合产生环境效应，是城市历史与文化、地域风格与特色的综合体现，并在很大的程度上影响着城市的空间格局。因而，公共设施的尺度大小和色彩设计等都必须考虑环境因素，特别是城市文化环境因素。

1. 城市文化的特点与属性

要研究城市文化，我们必须了解城市文化的特点与属性。城市是人类创造出来的完全不同于乡村的居住模式，城市从它诞生之始就有集物质与精神于一体的特点，它是人类发展到一定阶段的产物。可以这么说，城市是迄今为止人类聚落发展的最高阶段，是人类文化发展到一个新阶段的重要标志。

城市文化是城市在长期发展的过程中社会、经济、科学技术、宗教信仰和生活方式等长期积累的结果。由于每个城市所处的地理位置、自然条件和气候条件不同，其社会、经济、科学技术的发展状况和宗教信仰、生活方式也不同，其城市文化自然也有所不同。世界上的城市之所以千差万别，其根本原因就在于其城市文化的不同。如图2-24和图2-25所示，日本的建筑形式是根据中国传统建筑形式而来，由于文化的差异，日本的建筑虽然源于中国建筑，但是又具有浓厚的异国他乡气息。

图2-24　日本建筑（1）

图2-25　日本建筑（2）

　　城市文化的产生有其特殊的背景与土壤,每一个城市的形成与发展都是在特定的地理环境、交通条件和历史积累的基础上逐渐产生的具有自身文化特质的文化,它不仅仅包含物质层面的积累,更重要的是它还包含精神层面的文化积累。每一个城市或区域由于受自然、经济和人文要素的综合影响,都存在着显性和深层次的文化差异。自然和人文的影响越是多样化,城市的集聚性就越复杂、越有个性。所以,城市文化的特点就是它的差异性与独特性。城市文化随城市的产生、发展而形成,在自然、社会和经济等诸多因素的作用下,具有以下几方面的特性。

　　1) 集聚性

　　城市化是人类社会发展的大趋势。在人类文明的历次重要发展阶段中,人类文明的储存与传播、财富的聚合与创造乃至信息与权力等生活的各个方面都以城市为中心汇集起来。无论是西方古代巴比伦文明、埃及文明还是东方的印度文明和中国文明,它们的形成与发展都证实了城市在文化集聚与传播方面所起的作用。特别是西方工业革命以来,世界城市化的步伐逐渐加快,大量城市人口从偏僻的乡村来到大城市,城市就像一个大熔炉把不同民族、不同文化相互融合后形成新的种族与新的社会形态。在这个发展过程中,传统的城市文化和不同的民族文化冲突、融合后所产生的新的城市文化形成一种强大的凝聚力。当这种凝聚力以城市自身独特的方式把市民凝聚成一个文化的统一体时,便构成了新的城市文化与形象。而这种新的城市文化与形象在显示城市个性的同时,也凝聚着市民的精神力量。正是依靠这种凝聚力,城市才得以发展与延续。

　　我国长江流域的众多城市,特别是类似于武汉这样的大城市,由于其显著的地理位置与交通便利条件而聚集了大量人口,其交通、生产、信息等系统构成了错综复杂的人类生态关系,使城市不仅具有集聚功能,而且还成为文化传播的载体。如图2-26和图2-27所示,武汉汉口码头是人口聚集地,外来人员较多,在这样流动人口居多的地方有18面浮雕和一组组的圆雕,按照武汉城市发展的时间顺序进行了组织安排,无声地叙述着这座与水亲密相间的城市的发展历程,主要展示了老汉口商埠的历史文化和码头文化,为汉口江滩平添了几许独特的韵味,也为武汉江滩人与自然的和谐谱写了新的乐章。

　　2) 多元性

　　由于城市工业化的发展,商品经济影响并渗透到社会的每个角落。城市细密的劳动分工和职业划分,给人们提供了更多的就业与发展的机会,带给人们更多的希望与梦想。与此同时,也带来了全新的习俗与思想形态,这些新的变化通过短短的一两代人就会使人们产生巨大变化,早期城市文化中某些旧的惯例会迅速瓦解,而新的文化会渐趋形成。这会更加丰富原有的文化形态,使城市文化向更加多元化的方向发展。这种城市文化的多元性与丰富性,为市民提供了较好的环境以及多种选择,同时,极大地激发了城市的内在活力,增加了城市对不同文化背景的人的吸引力。如我国南方沿海城市深圳,由于其紧邻香港与广州的独特地理位置,在国家经济发展特区的优惠政策下,通过30多年的时间就从一个小渔村迅速发展成为一个集工业生产、信息产业以及科技等方面发展迅猛的新型城市。深圳作为一个移民城市,其良好的发展机遇吸引了大批来自全国各地的优秀人才以及境外的投资者,这种来自国内外的人口集聚以及多元的文化融合,使深圳成为我国发展最快且极具生命活力的新型城市。

图2-26　江滩码头文化雕塑（1）　　　　图2-27　江滩码头文化雕塑（2）

3）地域性

　　城市文化是城市在长期发展过程中累积的结果，由于每个城市的地理位置、气候条件和生产生活方式的差异，历史地形成了不同的地域文化，不同的地域文化又具有不同的地域特色。如图2-28和图2-29所示，黄河流域的三晋文化、齐鲁文化，长江流域的巴蜀文化、荆楚文化、吴越文化都有自己的文化渊源与地域特色。

图2-28　齐鲁文化

图2-29　荆楚文化

4）辐射性

城市的形成与发展都有一个共通的特点，就是它显著的地理位置和交通条件，这一特殊的优势会使城市成为某一地域的经济中心或政治中心，特别是一些大城市，这些特点更加明显，它们大多临江、临河、临海或处在某一地域的中心，这就使这些城市成为人流、物流以及财富流通与信息交流的主要场所，从而使不同的文化在城市里得以交流与发展。大量的人流集聚也使人类的思想、知识、技能与经验日积月累地快速集聚与传播开来，并自然地形成了一种约定俗成的生活秩序。由于城市的日常供给和各个方面的需求，城市和乡村乃至周边市镇有着紧密的联系，加之各城市之间、各区域之间、各国之间发展的不平衡，使城市不论是在物质还是在文化上都与周边地区各个乡镇、各城市之间、各国家的城市之间有着广泛的交流、融合与传播，从而形成一种辐射的状态。我国长江三角洲的诸多城市如上海、杭州、苏州等城市，我国南方的广州、深圳、香港等城市不仅对我国内陆城市和地区形成一种辐射状态，甚至对海外的国家与城市都形成一种辐射状态。

所以，城市是政治、经济、社会、地理与环境等诸多因素共同发挥作用的结果。城市除了具有集聚、生态、人文创造的功能外，还和周围城市生态系统之间进行着物质、能量和信息的交流，它是一个开放的系统，现代城市的发展更是依赖于这种城市系统的开放性，以维持城市居民的生活以及城市生产的正常进行。城市是一个系统，且是一个多因素、多层次的大系统，同时，它又是一个不断发展与变化的动态系统，城市文化就在这不断发展与变化的大系统中酝酿、形成、融合与发展，它既有自然的因素，也有人文的因素，所有的因素综合形成特定城市文化的独特性与完整性，在人们的行为方式、价值观念等领域形成了相对一致的文化体系。

2. 城市环境与城市特色

要研究城市文化还须了解城市环境与城市特色，城市环境包括自然环境与人文环境两大部分。城市的自然环境是形成城市文化景观的基础和重要组成部分；城市人文环境是人类历史遗存以及人类所创造的物质财富与精神财富。在生活条件迅速变化的社会中，能保持与自然和祖辈遗留下来的历史遗迹密切接触，才是适合人类生存的环境，对这种环境的保护是人类均衡发展不可缺少的因素，一个城市的自然环境与人文环境，是构成城市空间视觉景致和美感要素的基础，也是有别于其他城市环境的识别要素。这些城市环境要素，为城市自然与人文景观的完美结合、为城市标志性建筑和公共设施的设计与介入提供了独特的自然环境及诗意氛围。独特的自然环境、具有地域特色的建筑群体、街道、标志性建筑物、蕴含城市文化的公共设施等都是城市文化与特色的显现要素。

城市特色是由城市文化所构成的，它集一座城市物质和精神文化于一体，是具有该城市独一无二鲜明个性的体现，城市环境及其特色的形成，大多源自其所处的自然环境和社会环境。一般而言，一个城市地理条件和历史对城市的文化与特色起着相当重要的作用，一个城市的地理环境越是与众不同，城市历史越是悠久，其文化往往就越是具有鲜明的地方特色。城市特色是一个城市的魅力所在，也是一个城市区别于其他城市的显现特征以及具有本地民众基础自身发展模式。这些特征既受城市自然环境，如地理、资源以及人造物质环境等因素的影响，同时也受作为观念的城市文化自身的因素，如风俗、道德、宗教、信仰和知识等的影响，使其在城市空间的布局和发展过程中，形成其特有的发展规律。要使城市文化健康发展，不能只单纯考虑文化因素的增长指标，还必须考虑保持文化生态的平衡，将文化放在整个城市环境这一大背景下，系统全面地去研究。一个城市的魅力就在于它与众不同的特色，这种特色所体现出来的魅力与精神力量是一座城市发展的源泉与动力，也是形成城市间竞争力的重要因素，是城市文化的生命力之所在。在城市文化建设中，我们要认真挖掘一些好的历史和传统，根据实际情况，发展具有群众基础的文化特色，这样才能使城市文化建设具有源源不断的发展动力，才能真正发展城市文化。

公共设施的规划与设计是介于纯艺术与城市设计之间的艺术形式，它置于城市自然与人文的环境中，有着自己独特的表达方式与特征，它关系到城市的特色、个性、魅力以及可持续发展。正是由于公共设施的规划与设计要考虑诸多因素与层面，所以，公共艺术的规划与设计工作有一定的难度。一个城市花上千万元对一个小区进行开发建设，可能不会引起市民的广泛关注，但在公共空间设置公共设施作品，则可能会引起市民的广泛关注与争议，这是由于公共设施不仅仅是城市空间中某一景观的一个部分，它还是城市文化与城市精神的体现，它代表着城市的个性与魅力。所以，从城市环境和城市特色构建的角度确立公共设施设计的整体意识是很关键的。

3. 城市形象与人文景观构建

城市文化的发展状况会影响到一个城市的形象以及人文景观的构建。城市形象是公众对一个城市的整体印象、整体感知和综合评价。"千差万别的城市文化，无不是以一种特有的文化符号叩击着人们的心扉，并表现为某种形象留在人们心中。"在现实生活中，每一个人都能对他居住或去过的城市说出与他人不一样的城市印象与城市感受，这种印象与感受有的是通过局部获得的某种感知，有的是通过整体感知而获得的城市印象，这都从一个侧面反映了人们认识事物的一种普遍的认知方式——从局部到整体，再从整体到局部的认识过程。这种印象与感受会随着时间的推移有所改变，这是因为我们对城市的理解一般并不是固定不变的，而是与一些其他相关事物混杂在一起形成的综合印象。这种城市印象虽然与每个个体融入城市的程度有关，但人们对城市的理解与认识都是通过城市的某一部分获得总体印象的经验感知。所以，城市形象在某种意义上是人们对城市信息进行遴选后的直接感知，是主客体的有机结合后所形成的文化认同。

城市形象的核心要素包括自然山水景观和人文景观，如城市代表性纪念物、城市标志性建筑、城市市徽、城市绿化系统和能代表城市历史、文化与精神的公共艺术作品等。人们对城市形象的感知途径往往包括以下几个方面。

1）城市街道

城市街道是城市形象的主要感知场所，也是公共艺术设置的主要场所。人们为到达某一目的地或观赏城市建筑与景观时，城市街道是必经的场所。城市道路在城市的街区延伸与扩展，具有延续性与观赏性的特点，是人们对城市形象进行感知的主要途径之一。

2）城市边界

人们在进入城市之前，城市边界是对城市的第一印象，该区域的公共艺术作品会加深人们对该城市的印象。人们从一个城市到另一城市，每个城市都有着明显的边界，而这个边界就是人们对这一城市形成概念与印象的主要途径。

3）区域

区域常常指观察者能够进入的相对大一些的城市范围，它是由城市不同区域构成的，是形成城市意象的基本元素之一。在一定的意义上，对于大多数人来说都是使用区域来形成自己的城市意象，利用区域来感受城市场域而获得城市印象，特别是该区域的公共艺术作品会以直观、生动的形象留存城市意象。

4）城市节点

节点是城市道路的连接点和城市不同区域与结构的连接处，节点有时可能是一个广场，有时也可能是城市的中心区，从城市规划的角度来说，节点是城市结构与功能的转换处，该处往往是设置公共艺术作品的最佳场所，它一方面可作为城市路标，另一方面可留存城市文化意象。每个城市的区域与道路的连接处都会有代表性的节点，节点是人们感知城市形象的重要途径。

5）城市标志物

建筑学家林奇在《城市意象》一书中对城市标志物的描述是："标志物是观察者的外部参考点，越是熟悉城市的人越要依赖于标志物系统作为向导，由于标志物是从一大堆可能元素中挑选出来的，因此其关键的物质特征具有单一性，在某些方面具有唯一性，或是在整个环境中令人难忘。如果标志物有清晰的形式，要么与背景形成对比，要么占据突出的空间位置，它就会更容易被识别，被当作是重要的事物。"每一座城市都有自己的标志物，标志物一般占据城市较突出而重要的空间位置或与背景相呼应而构成一种对比关系，它有时可能是一座建筑，有时也可能是公共艺术作品或景观，它是人们感知城市形象的重要途径之一。如图2-30～图2-32所示，澳洲悉尼的悉尼歌剧院、武汉的黄鹤楼、美国纽约的自由女神像等都属于城市标志物，都是我们感知与认识城市的重要元素，这些城市标志物都是在城市原有自然风貌的基础上通过人为设计而构成的人文景观。

不同的城市面貌、不同的街道景观，是我们认识不同城市形象的直接途径。当人们感受某一城市时，城市形象要素便在主观与客观的交流中相互作用而影响着个体对城市形象的判断。所以，概括地讲，城市形象是人们对城市各要素整合后的综合印象与对城市整体文化的感受，是城市景观形态客观而集中的体现。当这种形象被社会大多数人接受时，它就具备了整体的历史文化意义而构成一种社会文化符号，而这种社会文化符号是一个城市的历史传统与界标，它必须在一定的政治、经济条件下进行整合与创新，才能创造新的文化特质而焕发新的活力，城市的文化个性也只有在此基础上得以创造与延续。由此可以看出，人们对城市形象的感知主要来自一个城市的自然风貌、山水景观与人文景观，它是城市形象形成的基础，也是人文景观构建的依据与前提。

图2-30　悉尼歌剧院

图2-31　黄鹤楼

图2-32　自由女神像

如何整合城市历史文化资源，创造新的时代人文景观，是解决现代城市文化缺失和千城一面的有效途径。城市人文景观的构成有多种形式，包括城市道路景观系统、空间景观系统、节点系统、城市轮廓景观系统、历史传统景观系统和公共艺术系统等。我们在进行人文景观构建时，必须对城市形象的历史概貌和现实状况进行梳理与研究，分析、总结城市文化和形象要素的历史资源，利用其优势要素资源，在政治、经济以及历史存在价值等层面进行思考与定位，从城市整体战略规划的角度对城市的文化与个性进行定位。特别是对一些国家历史文化名城，要注意保护那些具有典型意义的老街区和标志性的传统建筑，这些传统的老街区与标志性的建筑具有历史与文化、使用与情感的价值，它对整个城市与该城市的市民来说具有深层次的文化认同与归属感。我们在进行城市形象的提升与人文景观的构建时要利用这种文化认同与归属感，并结合现代文化环境来提升城市形象、构建新的城市人文景观。准确而科学的城市定位是创造城市差异、塑造城市独有的形象与提升城市竞争力的有效途径。如杭州的城市定位从"天堂之都"提升为"休闲之都"，在以旅游产业为主，辅以动漫产业以及新型服务产业等运作，为这座城市的发展创造了新的文化与空间，使杭州城市的发展稳定而有序，并得到了社会的广泛认同。杭州城的人文景观也围绕城市形象的主题展开，使城市形象与城市人文景观的构建相辅相成、相得益彰。

城市形象的提升和人文景观的构建在具体实施的过程中所涉及的层面是多方面的，它主要是通过对城市内在结构和各子系统之间进行整合与调整，从而塑造城市整体形象和强化城市个性，以增强城市凝聚力和竞争力，促进城市的可持续发展。其中很重要的一个方面是对城市精神文化的挖掘，确立符合当代城市发展需要的城市文化理念，使城市各项发展之间协调一致，从而呈现和谐统一的城市形象。所以，城市形象的提升和人文景观的构建一定要遵循整体性的系统原则，要充分注重系统与系统之间、系统与子系统之间相互制约与相互影响的互动关系。城市形象建设和城市人文景观的构建是一个动态的创新过程，它是在城市原有的历史遗存的基础上进行新的创造性的建设。

综上所述，公共设施设计作为人文景观构建的重要方面，它的规划与设计不能仅仅考虑作品自身的艺术性与完整性，而不考虑城市文化以及城市形象对它的影响与制约。公共设施的规划与设计质量的高低，应把它纳入特定的城市环境中进行考虑。它要求设计者一方面要从整个城市大的环境出发，从城市历史、文化和精神内涵的角度去把握城市的特色，另一方面要通过城市规划、城市建筑与城市场域等综合要素把握这种城市特色并创造新的城市人文景观，使公共艺术作品成为城市新的有机组成部分，为城市注入新的活力。

2.3.2　城市规划层面

因为公共设施设计设置于城市公共空间，占用城市公共资源，所以它的设计就必须符合公众的利益。城市公共空间属于城市规划的范畴，城市公共空间中的公共设施要兼顾公众的利益，只有通过城市规划的约束与控制得以实现，这样才能解决公共设施在城市公共空间随意设置与散乱搁置的局面。这就要求公共设施的设计必须考虑城市规划的层面关系，在城市规划与城市设计的基础上进行公共艺术的规划与设计。公共设施的规划与设计必须考虑城市背景的环境资源，必须考虑城市空间的系统、层级和序列关系，公共设施只有在原有城市规划所形成的城市空间布局与结构形态的基础上，才能规划与设计好公共设施，它是公共设施规划与设计的基础。

城市公共设施的规划与设计在城市背景环境中其主题与题材、形态、尺度与色彩等都受到城市空间布局与条件的制约，公共艺术作品只有在满足城市空间的综合需求时，才能起到提升公共空间品质的作用。从长远角度来看，城市公共设施纳入城市总体规划的范畴，或者成为城市总体规划中的专项规划只是时间长短的问题，随着城市化进程的不断推进、人们生活水平的不断提高以及对城市精神空间需求的增长，人们对城市公共空间品质的要求会越来越高，单纯的城市规划与建筑设计已很难满足人们对公共空间品质的需求，公共设计必然参与其中并发挥其不可替代的作用。只有城市公共设施的空间布局、城市总体规划的布局和城市景观系统规划所确定的景观构架相吻合时，其整体性设计的效果才能体现出来，从而保证城市公共空间建设的整体质量与公共艺术作品实施的延续性，也只有这样，才能为公共艺术的建设与管理提供依据与保障。

1. 城市规划理念演变

城市规划的理念在很大程度上会影响到公共艺术规划与设计的理念。城市各个建设部门只有在城市建设与发展目标达成共识的前提下，才能使各个职能部门进入通力合作状态，共同打造宜人的公共活动空间。公共艺术只有通过整体的规划与布局才能解决公共艺术在城市建设中"填空补缺"的局面，也只有通过规划的制约与法律法规的约束，才能保证其作品的质量与规范化的管理，它的规划与设计目标应该和城市发展的总体目标相一致。

人们对城市的规划由来已久。可以这么说，城市规划是伴随城市的建设发展而来的。我国的城市规划有文字记载的规划史已有3100多年，最早见于《诗经》《尚书》《史记》等古籍，其规划特点非常讲究筑城的功能合理和布局的统一与完整，规划思想总体来说注重城市与自然环境的协调与配合，规划整体设计效果较好，街道、里弄、建筑以及建筑装饰和艺术均是规划与建设的一部分，它们是一个统一的整体。现代意义的城市规划是西方工业革命后，随着城市的迅速扩张而产生的，在西方工业革命以前，城市的发展相对缓慢，城市规模也没有现在这么大，城市规划的问题没有像现在这么突出。工业革命以后城市迅猛发展，特别是第二次世界大战以后，大城市、特大城市不断出现，城市问题不断增多，城市规划问题也就成为城市发展的首要问题。城市规划的理念在这以后的60多年随着城市的建设与发展也发生了巨大的变化。从西方城市发展的历程来看，不同的时期城市规划关注的重点也有所不同。人们在城市的建设与发展过程中逐渐意识到城镇规划在现实社会中的特殊意义，并试图寻求一种创造一切美好城市生活环境的可能。

城市规划的概念，"至少自文艺复兴时期到后来欧洲的'启蒙运动'的几百年间，不会有明显的变化。人们通常认为，城镇规划本质上是对人类聚居地的物质空间进行规划设计的活动。同样的，它也被视为建筑艺术以及土木工程的一种自然延伸，因此，它也是一种建筑师以及工程师最适合从事的工作。"这一时期的城镇规划更多地被界定为物质空间形态的规划设计，在很大层面上是对城市土地使用和空间形态结构上的"总体规划"，它包括建筑与其他人工结构环境的设计，大多由建筑师与工程师完成。城镇规划虽说从欧洲文艺复兴时期开始就被理解为一种独立的事业，但直到19世纪末，城镇规划都没有和建筑艺术区分开来，一直被视为更大背景范围内的建筑设计。

直到第二次世界大战以后，由于战后恢复与重建的需要，城市规划主要集中在物质层面。随着柯布西耶（Le Corbusier）"阳光城市"规划理念的出现，人们提出了理想城市环境标准的概念，人们相信这些概念可以通过规划来实施。这从另一侧面反映了人们对维多利亚时代沉闷工业城市中工人所承受的严酷居住条件所激发出的对社会变革的渴望。包括霍华德(Howard)的"田园城市"理念和早期的社会主义者都试图为现代社会寻找新型城市发展模式，田园模式和社会主义运动都是19世纪末乌托邦理想主义最完整的核心体现。这可以在威廉·莫里斯的著作《遥远的信息》一书中明显体现出来，书中阐述了他关于艺术与手工艺的理念，以及对于未来乌托邦城市的设想，书中充满了对中世纪英国的浪漫渴求，这种浪漫主义的情怀在霍华德的著作《明日的田园城市》一书中有所体现，在书中他将激进的社会主义构想与传统的城市尺度与模式结合到了一起。田园城市运动，对于20世纪的英国城市规划产生了深远的影响，这种激进主义和保守主义取向的价值观，成了战后英国城镇规划的目标。这一时期的城镇规划理论由两部分组成，一是关于城镇规划编制办法的理论；二是关于城镇规划寻求何种城市环境的理论。这种价值理念一直支撑着战后英国的规划价值理念。这些将城镇、城市或城市群作为一个整体进行规划的理念，部分来自乌托邦主义的传统文化，规划内容包括城市形态与尺度、城市各组成部分的详尽空间结构和布局，关于对未来城市的构思主要围绕发展的定位、规模、城乡的适度平衡，围绕寻求城市更合理的内部结构来进行。从1945年英国面临战后城市修复与重建问题，需要大力推动城市规划体系发展，到20世纪60年代末战后重建与开发过程中所出现的种种错误，都使战后人们高涨的乐观主义情绪走向衰退，人们对这一时期的城镇规划实践活动产生了质疑。这种质疑主要包括两个方面：一是对于新开发建设质量的质疑。由于这种乌托邦式的城市规划理念使人产生这样一种认识，认为乡村比城镇更美好，从而使早期郊区建筑"非城非乡"。二是对物质空间规划重点的质疑。将城市规划视为物质规划这一想法忽视了人们生存的非物质的社会环境。从某种程度上来说，城市规划编制没有考虑社会环境问题，这一时期的规划理论脱离了真正的社会问题。此间，最强烈的质疑来自一名美国作家简雅各布，她在1961年首度出版了《美国大城市的死与生》一书，书中对美国战后的城市规划实践深受霍华德田园城市设计理念影响而产生的"疏散型"城市规划进行了抨击，指出这种乌托邦、反城市化的城镇规划思想没有认识到城市的复杂性与丰富性，"在我们美国的城市里，我们需要各种各样的多样性，各种互为联系互相支持错综复杂的多样性，城市生活由此可以进入良性和建设性运转，城市中的人也因此可以保持社会和文明的进程"。这些关于规划理论与实践的批判得到了一些规划理论家的高度重视。

20世纪50年代，欧美国家出现了对城市规划的质疑以及对物质空间规划重点的争议，人们对规划的含义有了新的解释。1969年，布赖恩麦克洛克林（Brian Mcglocklin）出版了《城市和区域规划：系统方法》一书，标志着城镇规划思想的根本变化。这一规划从系统的角度出发，一方面源自物质空间规划理论，城镇规划要处理的由各相互联系的部分构成的城市、城镇与区域所构成系统的环境问题；另一方面强调规划是一个"理性过程"的规划理论，特别是将规划作为一个理性决策过程的理论。系统规划理论认为，整个现实世界是一个集成系统，就像生命系统一样，一个城市也可以被视为一个系统，这个系统由不同类型的土地使用功能空间所构成，这些空间功能通过交通和其他通信媒介相互连接起来，形成用地与交通系统。系统理论起源于"运筹学研究"和控制论等高深技术领域，其中使用统计学和数学技巧对系统关系进行准确建模被看作是系统控制所必须的内容。

由于计算机技术的发展，人们能够处理从系统关系中衍生出来的海量数据，刺激了系统理论在城乡规划中的应用。系统规划理论出现于20世纪60年代，人们迫切想为城市规划学科寻找坚实的学术基础，系统规划理论中建模、数学、科学这些带有技术与科学的字眼，对于许多规划人员来说无疑是一个新奇且革命性的观点，系统规划理论在20世纪60年代无疑是科学的。就理论过程规划而言，其相关理论来自"决策理论"，这与系统规划理论的情景相同，来自外源的综合性理论。这种理论一方面反映在专业技术人员通过建议政治家如何管理经济等政治民主问题上；另一方面不仅把科学研究的成果应用于决策，而且还应用于决策本身。人类历史的大部分时期，人们的生活似乎被无法控制的力量所支配，科学知识的增长使人们获得对自然力量进行控制的可能。这从某种程度上使人们得出这样的结论：如果一件东西得不到量化，如一个地方的景观环境的优美程度不能量化，那么，人们就不会认为那是具有科学性的。如果说20世纪60年代以前，城镇规划基本上是被看作一门艺术的话，那么20世纪60年代以后，城市规划基本上已被看作一门科学了。以上两个理论都坚信规划是有益的，坚信人们有能力在科学地认识世界的基础上改善生存质量，这与同时代出现的"现代主义"思潮有关。"现代主义"不仅仅表现在建筑和艺术的运动上，更多地是作为一种思维方式影响着人们的理性决策与行为，也就是坚信城市环境能通过规划得以改善。的确，系统规划理论和理性过程规划理论在20世纪60年代由于受现代主义思想的影响而达到兴盛，至今仍具有广泛的影响力。

第二次世界大战以后的20年内，英国大型的住房开发项目基本扫平了19世纪大片矮而宽的排房，取而代之的是全新的高层公寓楼群。人们由起初的兴奋转而对喧嚣与嘈杂的城市环境问题提出抗议。因而，从20世纪60年代开始，人们一直都在思考城市规划到底是属于技术性的、科学性的还是政治性的问题。这也是系统理论学者和理性过程理论学者完全忽略了人们希望建造哪种类型的环境价值判断所引发的问题。所以，在20世纪70年代，由于理性规划模式没有把方案与政策放在如何实施这类关键的问题上，使许多良好的规划实施起来困难重重，从而促使了实施理论的出现。好的规划要得以实施需要在编制规划和政策的同时考虑到实施的问题、沟通的问题。哈贝马斯（Jargen Habermas）强调人际沟通的关键是采取行动，哈贝马斯（Jargen Habermas）把他的理论描述为沟通行动的理论。到了20世纪70年代后期，以新右派闻名的右翼政治运动出现了，右翼政治运动来自古典自由主义，它赞美自由市场，批判政府规划。这次右翼政治运动受到了当时"保守党"的支持，以致影响了英国20世纪80年代至90年代规划理论的发展。

城镇规划在不同的历史发展时期形成了不同的规划理念，每一阶段的城镇规划理念都会出现这样或那样的问题而受到一些规划理论学者的批评，实质上，这都和特定历史阶段的城市文化息息相关。不同历史时期以及特殊的社会、经济环境，人们的意识形态与需求是不同的。因此，人们采取解决问题的方式也会有所不同。"二战"后，欧美一些国家为了解决城市规划的"大尺度"和现代建筑去掉一切装饰与艺术所造成的城市公共空间的冷漠与嘈杂，纷纷出台国家层面的公共艺术政策，让公共艺术参与城市的建设与发展，有效减少了城市恢复与重建中城市公共空间缺乏自然与艺术气息而显得压抑与无趣的城市氛围。英国从20世纪70年代末开始，许多规划理论学者大多放弃了"大理论的研究"，而聚焦于城镇规划所寻求的问题与事项的解决。如城市经济的衰退与复苏问题、社会不公正现象问题、全球生态危机与可持续发展问题、城市环境美学问题等。其中，对于旧城区的衰退与更新的问题实质上蕴含着对弱势群体的关心，这种关心与英国社会日益突出的不公正现象有关。这对以后从城市发展的角度研究社会公平，以及从规划的角度对社会弱势群体和平等机会的研究提供了契机。在20世纪60年代末期到70年代初期，人类的建设活动对自然生态环境造成了严重破坏，这在一定程度上影响了系统规划理论。到了20世纪80年代，许多环境灾难的出现，加上一些警示全球生态变化的科学证据，两者共同催生了人们对于生态与可持续发展的关注。由于生态问题是全球性问题，意味着需要国家的行动、需要国际的合作。所以，在1992年，在巴西里约热内卢举行了"地球峰会"，世界各国政要集聚一起，试图达成一致认识，共同面对未来。对于城市环境美学的问题，在20世纪70年代至80年代的许多规划者而言，城市规划是一门"社会科学"而不是一门艺术，城市环境美学处在这种边缘化的状况在80年代后期才有所改变。后现代主义艺术思潮在建筑领域所表现出来的是体现自我意识的美轮美奂的建筑，强调建筑风格的表现，美学问题重新涌现出来。辩论与关注的焦点虽然是建筑，但不久就扩展到建成环境的总的美学品质，扩展到了城市景观环境对建筑设计的重要性。

从以上城市规划理论的演变中，我们可以发现城市规划经历了"规划理想"到"系统分析"，又从"理性规划"到"沟通过程"规划理念的转变，一直到近20年城市规划对生态和可持续发展的关注，体现了每一历史发展阶段其城市规划重点的不断转变，说明城市规划理论与实践是一个动态的发展过程。不管城市规划是处在"规划理想"阶段还是"系统分析"阶段，"理性规划"还是"沟通过程"阶段，都表明了城市发展到一定阶段都会出现这样或那样一些问题，每一阶段所出现的问题人们都在寻求问题产生的原因之所在而寻求解决问题的办法。城市的文化与艺术就好比城市发展的润滑剂，每到城市发展出现问题时都会从艺术的角度寻找解决问题的办法与良方。20世纪初由美国发起的"城市美化运动"和第二次世界大战后同样由美国发起的公共艺术浪潮，都从另一侧面反映了城市的文化与艺术在城市的建设与发展中所起的重要作用。我们如何更好地规划我们的居住环境，环境品质由哪些因素构成，不同的社区对环境质量有何不同观点，这些都是值得我们思考的问题。城市规划的核心问题是对不同类型的环境质量要素，如社会的、经济的、审美的以及生态等问题进行系统分析与推理，在城市文化政策的基础上制定合理的城市规划政策。一个城市的文化政策涉及城市的艺术与文化活动，所以文化政策也吸引了一些理论研究者的关注。提到文化，人们通常认为指的是艺术，尤其是那些高级艺术，如音乐、舞蹈以及绘画等，实质上文化政策已扩展到更宽泛的领域，如民主、意识、生活与习俗等。文化政策、城市设计、美学与城市文化活动赖以生存的公共空间的设计有着紧密的联系。

人们的生活是离不开艺术的，城市公共空间同样需要艺术的参与来统一与协调城市公共空间各种元素的关系。西方工业革命以后，特别是现代建筑抛弃了传统建筑装饰与艺术合为一体的城市建筑格局，现代建筑简化到去掉一切建筑装饰与艺术，由钢筋水泥所建造的现代摩天大楼使人产生了冷漠与隔膜之感，从而促使了城市公共空间公共艺术的诞生与发展。公共艺术以新的艺术面貌重新形成了一种艺术与建筑、艺术与城市公共空间的关系。这种新型的关系，化解了人与自然、人与城市空间环境的关系，提升了公共空间环境的文化品质，增强了人们的归属感，体现了城市的文化与精神。公共艺术作为城市文化的重要载体之一，它的规划与设计以城市公共空间为主要背景环境，它的规划与设计必须考虑城市规划所形成的城市总体空间布局，它的规划与设计的理念也需要与城市规划设计理念一致才能塑造和谐统一的城市公共空间环境。城市的美感来自视觉上的统一与多样性，城市的建设与发展在功能与运作上也需要这种统一与多样性。"城市美化运动"过分强调视觉美感和"系统规划"，过分强调"规整与统一"，而忽略了人在城市生活中的多样性与复杂性，使城市的发展出现了偏差。规划理念的根本在于解决城市问题，从而建设一个社会、经济、文化可持续发展的城市。实际上，不管规划理论学者把城市规划作为宏大的系统进行研究，还是聚焦于规划中解决具体问题的研究，其本质是在关注我们的生存环境与空间质量问题，尤其是环境质量问题与可持续发展问题。

2. 城市规划层次、尺度与公共设施

很多情况下，规划师对于城市规划的顺序通常是这样安排的：首先是城市的大轮廓，其次是建筑，最后是建筑与建筑之间的空间。从近几十年来的城市规划经验来看，这样的规划方法是不利于塑造人性化的景观空间的，这样规划的后果是不鼓励人们使用该空间。在城市尺度和场地尺度上的规划，的确需要规划师作出审慎的决定。

如图2-33～图2-35所示，城市发展的历史告诉我们，最古老的那些居住地是怎样沿着街道和集市而逐渐发展起来的。沿街的商贩在街道两边搭起帐篷与货摊贩卖商品，久而久之，持久的建筑取代了帐篷与货摊，逐步形成了住宅、街道和广场的城镇。这种集市与城镇是城市发展的起点，我们可从很多现代城市里找到它们的踪迹。这说明古人在建新城时所遵循的是"生活、空间、建筑"的规划原则。这可在古罗马、古希腊，乃至中世纪的城镇规划中体现出这一原则对上述城镇的影响。只是到了现代，建筑才取代了空间，成了规划关心的中心问题。现代的城市空间布局规整，建筑体量都很巨大，加之建筑缺少细部且材料多使用钢筋、水泥与玻璃幕墙而显得表情冷淡。"而在新兴的市镇中，方格网破坏了亲切的尺度以及与土地之间的联系。新的视觉元素不再如传统模式那样，传达个人与群落以及群落与土地之间的情义。"在布满大尺度城市空间与建筑分区分散的地方，由于没有可供人们体验与感兴趣之物，而形成无人或少人活动的地方。这种现象在我国现代城市规划与建设中是常常出现的。

图2-33　集市

图2-34 街边商铺（1）  图2-35 街边商铺（2）

很多传统的有机城市都是人们在长期日常生活累积的基础上发展起来的，城市建筑、空间、交通都以人的活动与经验为基础传承下来的。但现代社会由于新型交通工具——汽车的诞生，加之城市拥挤、地价昂贵，以及科学技术的进步都使城市空间和建筑尺度失去了人性的尺度。城市空间和建筑的人性尺度逐渐被我们丢掉了，很多新城建造所形成的空间区域失去了舒适的空间与尺度，甚至连传统建筑上的装饰与艺术也一并丢掉了。

现代城市规划的大尺度以及现代建筑的高大与冷漠为公共艺术在城市公共空间的生成提供了良好的契机。以城市生活和城市空间为出发点，遵循"生活、艺术、空间、建筑"的规划次序，规划师可设计出在功能上满足城市生活需求的建筑。城市是人们聚会、交流以及休闲的场所。一座城市的公共领域——街道、广场和公园等都是提供这些活动的场所，城市中的每一个人都有轻松进入这些公共空间的权力。当现代艺术与一个拥有丰富历史背景的街道场域结合时，其所产生的冲击与对比，往往能产生非同寻常的艺术效果而引起人们的关注与瞩目。许多艺术家喜欢运用时代差距与风格迥异的对比进行创作。在这种场域中艺术作品的规划与设计往往面临极大的挑战，当具有现代风格的作品与历史性场域结合时，该如何规划与设计？什么类型的公共艺术作品放置于何种历史场域能起到协调与提升作用？这都是规划者与艺术家该考虑的问题。城市公共空间中的城市家具，如提供休息的长凳与座椅、垃圾桶与候车亭、电话亭与街灯等公共设备，这一广阔领域也是设计师与造型艺术家发挥设计巧思的地方，特别是城市的广场、街区的喷泉等常常成为艺术设计的主体，使原本仅具有功能性的设备价值大大提升，这些城市公共空间中的家具可提升城市的魅力与声誉，显现出城市的特色与活力。同时，设计优良的城市家具能为市民提供舒适的环境空间。所以，城市规划在满足城市居民各项功能需求的同时，也可通过对城市家具的规划与设计提升城市的美学品位。近十几年来，城市居民对城市绿化空间的规划与设计又开始给予高度关注，因为无论是大公园、小花园，还是小块绿地，都是城市中的过度与转换空间，都可在城市嘈杂的环境

公共设施与公共空间的关系 **第2章**

中，为人们提供暂时休息的场所。所以，如今绿化空间已从传统的城市与街区公园逐渐延伸出一些其他城市绿地的规划，如图2-36和图2-37所示，城市绿道与植树散步道等，这些绿化空间是现代艺术设置的极佳场所，能让作品呈现出自身特有的艺术张力。如今，城市绿地规划工作常常由景观设计师与造型艺术家来完成，鉴于人们对生态保护意识的提高和对于城市空间及环境品质的需求，绿地与公共艺术作品的结合，能为市民提供聚会与交流良好的城市空间。好的城市规划让人们在这样的城市空间中能体验到舒适与幸福感，这种舒适度与幸福度和城市空间与建筑的尺度紧密相关，城市空间与城市的结构应与人体、人的感官形成相应的维度与尺度以保持相互间的和谐关系。

图2-36　绿化带（1）

图2-37　绿化带（2）

好的城市规划层次与建筑尺度是公共艺术规划与设计的基础。西方工业革命以前，由于城市发展相对缓慢，城市规划与设计问题远远没有现在这么突出，现代科学技术的发展以及现代建筑的诞生，使追求建筑高度成为科学与技术的代名词。现代建筑也以反传统的面目出现，去掉了一切繁复艺术装饰而以现代简约示人。由钢筋水泥构筑的高大建筑体量所形成的城市空间，冰冷而压抑，有的城市公共空间由于摩天大楼的遮蔽，街头、路边的花草由于缺乏光照而难以存活。人们在追求建筑的高度与建筑个性的同时，失去了城市规划的层次与建筑的人性化尺度，削弱了城市人与自然的联系。绿地规划与公共艺术对城市公共空间的介入有效地化解了人与城市空间环境的矛盾，给人以在自然环境中的轻松与自在和艺术的空间环境氛围。如图2-38所示，城市规划要站在整个城市区域的高度，把城市的自然环境与人工环境作为一个整体进行规划与设计，尽力去保护与维持当地建筑与环境的整体性，使城市的自然环境、人工环境、城市文化、城市生态和艺术和谐共生。同时，也为公共艺术的规划与设计打下良好的基础。

63

图2-38 绿化带雕塑

现代城市规划理念的转变以及现代建筑的特点，都为公共艺术以新的面貌出现在城市的公共空间提供了契机。人性化的城市空间与建筑尺度，可以为公共设施的规划与设计提供良好的背景环境，因为公共设施的尺度是视其所处的环境而定的，设置于城市开放空间中的公共艺术作品，它的尺寸大小是根据其背景环境尺寸大小而定的。如尺寸巨大，充满原始与神秘感的狮身人面像置身于以巨大金字塔和广阔大漠为背景的环境中显得格外凝重与壮阔；武汉汉口江汉路步行街下热干面的老人像设计成与真人一般大小，让人在传统街区的环境中感受到艺术与环境融合所产生的真实感与亲切感。所以，进行公共艺术作品规划与设计，公共艺术作品尺寸的大小要视其环境背景灵活处理。一般纪念性与较大主题的公共艺术作品往往构成这一空间环境的主导构成因素，占据该空间的主要地位，其尺寸要求就较大；城市空间环境与建筑尺度较小的空间环境，其公共艺术作品不要求成为环境的主体，公共艺术作品的尺度可相对较小。也有一些属于纪念性的公共艺术作品，不占据主要空间环境位置，不要求发挥空间的主导支配作用，在尺度上可进行调整，只要能融入小的空间环境，与周围环境协调即可。至于那些装饰性与小品类的公共艺术作品，因为并不要求成为环境的主体，不一定要占据空间环境的醒目位置，其尺度可小一些，只要与周围空间环境与建筑的尺度相协调，能对空间环境起到点缀与烘托作用即可。

公共艺术作品尺度大小的选择，应根据具体空间环境的实际情况而定，包括应考虑该空间环境的场域感、文化氛围、公共艺术作品的主题与题材、表现形式等诸多因素后再具体选定。同样大小的公共艺术作品设置于城市开敞空间或小尺度的围合空间，其心理感受有着很大的差别；同样大小的公共艺术作品因其所使用的材料与材料肌理的不同也会影响人对公共艺术作品的尺度感；甚至公共艺术作品的色彩以及色彩明度的高低都会影响公共艺术作品的尺度感。所以，城市空间层次、建筑尺度、公共艺术的尺度，由于人和物空间距离的远近不同，都会在人们的心理上产生不同的反应。一般人与物1m～2m的距离可产生亲切感；12m～25m人能看清对象细节；大约130m能看清对象大的轮廓。所以，城市规划者和公共艺术设计者，在考虑城市空间层次与建筑尺度、公共艺术作品尺度的同时，还须考虑两者在同一空间融合后在人的心理上所产生的尺度感。

3. 城市景观系统规划设计

公共艺术是城市景观系统的重要组成部分之一，公共艺术整体性设计必须考虑城市景观设计层面，实际上，在多数情况下，公共艺术的规划与设计是城市景观规划与设计的一个子项目或专项的规划与设计。

现代城市景观规划设计是随着景观生态学、生态美学以及受可持续发展观念的影响而产生的，其规划与设计目的已不仅仅是单纯地营造满足城市居民户外活动空间、构建宜人居住环境，而是在于对既有资源的可持续利用和生态自我更新能力的利用，对土地和景观空间生态系统进行干预与调整，协调人与环境的关系，从而最大限度地节约自然资源，实现生态效益与环境效益的最大化，满足人们合理的物质与精神需求，真正实现景观环境中各生态环境要素协调发展的可持续景观环境设计。作为景观规划与设计重要组成部分之一的公共艺术，其规划与设计理念也深受景观规划与设计的影响。

景观环境依据设计对象的不同可分为自然环境与建成环境两大类。城市景观规划设计要依据不同的环境类别予以考察与定位。自然环境由于人为干扰较少，其自然与生态的特性要求我们在规划设计时要在保护生物多样性的基础上有所选择地利用自然资源，对于此类规划设计要尽可能地减少人为干预，用较少的设计保护自然生态，不破坏自然的自我再生能力。对于建成环境中存在的一些人为干扰过重或已破坏生态和失去自我再生能力的环境，应按使用要求的不同采取修复生态环境或辅助以人工改造和优化景观格局的办法，使人为的设计过程融入自然环境中。这样做有以下几个方面的目的：一是保护相对稳定的生态群落和空间形态。稳定的生态群落是物种多样性和相应空间形态构成的前提，而且，稳定的生态群落对外界环境条件的改变有一定的抵御和调节能力。所以，保护区域内自然生态环境和生态群落，使其协调健康发展对于设计者来说至关重要。二是尊重与维护自然的演进过程。自然群落在其漫长的演化过程中有其自身的演替规律，已形成了一套自我调节系统以维持生态的平衡，如土壤、水环境、植被和局部气候等都在这个系统中起着决定性的作用。所以，在设计中应确立正确的人与自然的关系，尊重自然和保护生态环境，尽量减少人为影响，不过度改变自然生态与其恢复的演替序列，保持其自然特性，将人为的参与过程变成自然可以接纳的一部分，以求得自然与环境的有机融合。如保留景观环境中大片的林地、地貌、结构与树木等。三是整合建成环境设计。城市建成环境包括城市建筑、园林、广场等人工景观和各类自然景观构成的景观环境，设计的重点是将城市公园、广场等城市资源环境进行统筹协调，融合集生态环境、城市文化、城市历史传统、现代生活理念及现代生活要求于一体的景观效应。保护绿地生态系统并适当融合更大的郊野环境，使城市景观规划具有更好的连续性和整体性。

现代景观环境规划设计必须遵循景观生态学的原理，建立多层次、多结构、多功能的植物群落，建立人、动物、植物和谐共生的对环境破坏最小的新环境。这种新环境是集生态、文化和技术于一体的既有利于人类健康发展又与周围自然景观相协调的生态型景观。不同的场所是生成景观多样性的内在因素，景观规划设计要从既有环境中寻找设计线索与灵感，从中梳理出景观空间的地域特征与构成形式，特别是要对特定人群、特定文化加以表达，通过景观场所特定的历史印迹进行整合与重组，使之成为新景观的空间内核，唤起人们对场所的记忆与共鸣，从而延续场所的文化特征。

现代城市土地的开发与利用越来越忽略本地独特的形态与个性特征，使现代城市空间失去了地域文化传统和生态背景的联系，使建筑不能体现区域独特性与文化认知性，它们千篇一律，人在这样的环境中感到陌生，人与场地的联系、认知度越来越松散。现代城市开放空间的减少与城市环境的恶化，都使城市景观设计要避免大尺度的开发与场域感的消失，在景观的重新规划与设计过程中，要利用原有自然与人文资源进行整合与调整，并结合公共艺术从营造整个场域文化氛围出发，重新调整人与自然生态环境的关系，实现生态效益与环境效益的最大化，实现景观环境中各生态环境要素的协调与可持续发展。

现代景观规划设计是建立在系统化思想基础上的全面重组与再造，具有动态、多样与综合的效应。如图2-39所示，城市景观环境是一个综合的整体，景观环境中的自然因素、人工因素与社会因素是互相联系、不可分割的，它的设计强调景观空间、场所、功能、文化、艺术和技术支撑的一体化整合设计，彻底突破了设计要素、层面和方法游离状态与简单叠加的设计模式，而形成一种多目标的设计——为人、动物、植物和审美而设计，设计的最终目标是整体优化，营造可持续有机和谐的人居环境。"人类同自然系统的接触极大地影响了人类的身心健康，同时人与自然积极乐观的接触与交流、体验可以维护和恢复日益恶化的自然环境。"

图2-39　城市绿化

景观环境规划设计需要全面认识设计区域的自然条件，如生态、土壤、植被、小气候、地质，地貌等、空间属性如空间围合和朝向，人文特征如人群行为、生产、生活方式、宗教与民俗等，这对于促进景观环境规划设计的科学化、系统化具有重要战略意义。

现代城市公共艺术的规划与设计是城市景观系统规划与设计的重要组成部分，有时在城市景观系统规划里扮演着重要角色，发挥着画龙点睛的作用。它的规划与设计要多利用城市广场、街道、绿地等区域的规划与设计为市民提供适于休闲、午餐、娱乐以及可与自然亲近和轻松聚会的场所，以避免冷漠的建筑与围墙、狭窄与拥挤的街道所带来的不适之感，要注意为市民提供具有区域文化氛围的宜人人居空间。

4. 城市建筑色彩环境规划设计

一个城市或一个地域的色彩环境因其所处的地理位置与地理环境的不同，会形成不同的自然环境色彩，又因城市文化乃至区域文化的不同而又形成不同的风土人情与审美观。所以，城市色彩环境是城市自然环境与人文环境因素共同影响的结果。

　　城市本身就是一个色彩的世界，人们在城市中能够感受到城市自然、建筑与空间环境中的色彩，这些色彩一部分是自然本身所拥有的色彩，有很大一部分是人们在城市长期生活环境中生活与情感的物化。城市色彩环境包括城市自然环境色彩、城市建筑色彩、城市各种构筑物色彩、城市天空、土地和水体的色彩等。其中自然环境色彩主要和地理位置、地理环境及区域气候有关。城市建筑色彩在城市交通不发达时期主要和当地的地理环境、地质与土壤等条件有关。从古今中外早期的城市建设来看，由于交通与技术等因素的限制，城市建设大多就地取材，自然环境对城市色彩环境的影响较大。如欧洲的城镇大多以石材作为建筑的材料，亚洲许多国家多以木材作为主要的建筑材料。所以，不同地域和不同的自然环境，具有不同的建筑材料与建筑工艺，自然也就影响到具有地域特色的城市色彩环境。城市区域环境的不同，其气温、降水和湿度也都会有所不同。不同的气候条件是影响城市建筑材料选择和建筑形式的重要因素，这在某种程度上影响着一个地域的色彩使用倾向。

　　现代城市建设由于经济与科学技术的发展，加之便利网络信息与交通条件，对于城市建筑材料的选择突破了地域就地取材的限制，这在给人们带来舒适与便利的同时，也使城市与城市间在建筑用材与建筑形式趋同，城市色彩环境也失去了地域特色。城市天空的色彩和城市地理位置与城市空气质量有关。一般来说地理位置越高，城市空气质量越好，城市天空颜色也就越蓝。还有一些处在特殊地理位置与条件的城市可能会出现常年有雾、光照过多或过少的情况等，这都会在一定程度上影响城市天空的颜色。城市地面的色彩一般很少采用自然土地的色彩，而是人为地铺设砖、石或水泥地面等。在考虑城市地面色彩的设计时，无论城市大的色彩呈何种基调，其地面色彩应与城市色彩环境相协调，且主要以深灰色和浅灰色为主，这样能够衬托城市的建筑与景观。许多城市地面设计采用彩砖的做法要慎用，因为彩砖不易清洗且不容易与城市色彩环境相协调。还有城市辅助色彩如城市的店面招贴、户外广告以及夜光灯的色彩设计也要考虑街道的色彩氛围，包括招牌、广告的形状与风格都要与建筑相协调，有些甚至还须从规划的角度加以规定与限制。

　　人们对城市形象与特色的感受在很大的程度上是通过人的视觉来完成的，而在所有的视觉元素里，色彩起着相当重要的作用。一座城市的色彩环境是城市形象与特色显现的主要元素与特征之一，它能直观地反映出这个城市的风貌、个性、审美与精神。从某种角度来说协调的城市色彩环境体现着一座城市的文化品位。

　　纵观世界著名城市的建筑就可发现这些城市都有着和谐的城市环境色彩，有的城市甚至有城市环境主色调。如图2-40～图2-43所示，俄罗斯圣彼得堡的城市建筑色彩以土红色和暖黄色为主、巴黎的建筑外墙色彩主要以米黄色和灰色为主、伦敦的建筑外墙色彩主要以土黄色为主、旧金山的建筑外墙色彩主要为白色等。为了维护城市色彩的主色调，在耶路撒冷，法律还规定城市周边所有的现代建筑外墙都必须以耶路撒冷石作为外墙建筑贴面，这种贴面材料能产生粉笔画的色彩效果，在黎明和日落时会给城市披上一层金色的光芒。纽约滨河路上的一些建筑使用色彩为渐变的砖，底部为深紫色，往顶部逐渐变至浅灰。这种色彩的渐变效果会让建筑看上去比原有的高，而且，即使在阴天也会使人产生一种阳光照耀的错觉。世界各地的城市环境色彩，由于地理位置、区域气候、民族与信仰等诸多因素的不同，其色彩有很大的差异性。如法国的巴黎从公元508年建成至今，不管是城市新区还是老区，不管是上千年的老建筑还是现代普通民居，其建筑墙体的色彩基本上都由高雅亮丽的淡米黄色系组成，而建筑的屋顶则以暖色或冷深灰色涂饰。这种米黄色与深灰色几乎成了巴黎的标志性颜色；还有俄罗斯的圣彼得堡，圣彼得堡是俄罗斯文化和历史名城，以建筑的精美闻名于世，素有"地上博物馆"之称。

图2-40　圣彼得堡

图2-41　巴黎建筑

图2-42　伦敦建筑

图2-43　旧金山建筑

由于圣彼得堡位于俄罗斯西北部，虽说夏季绿色植被葱郁而有着非常优美的自然环境色彩，但由于该城市地处北寒温带，属大陆性气候，冬天寒冷而漫长，所以，圣彼得堡的城市建筑色彩一般以黄色、深色红等暖色为主，辅以绿色和白色点缀，使城市自然景观色彩与城市建筑环境色彩有机融合，体现出人与城市色彩环境的和谐状态。这种和谐的城市色彩环境使整个城市更显美丽与端庄，特别是在漫长的冬季，这种和谐的暖色环境会给人们带来一种温暖的感觉，同时也增加了城市的美感与魅力。

还有一些处在温热带的海滨城市，如美国的夏威夷、澳洲新西兰的城市建筑大都以浅色调的天蓝色和明黄色调为主，这样的色调在阳光明媚的海边和海水、沙滩的色彩既协调又能呈现出一幅令人神往的夏日色彩。还有我国以苏州为代表的江南城镇，以粉墙黛瓦为建筑的主色调。城市建筑层面不高，这在江南以青山绿水为背景的衬托下，整个城镇建筑色彩显现出一派江南好风光的秀美城镇景色。城市色彩环境是城市整体环境的一部分，是城市形象的综合体现要素之一，也是城市公共艺术规划与设计所要考虑的重要元素之一。以上所举的城市环境色彩实例，之所以呈现出和谐的城市环境色彩，有的是在特定的城市文化和背景环境等诸多因素共同作用下自然选择的结果，但其中大部分是城市主管部门对城市色彩环境的控制与管理的结果。有些国家的城市很早就对城市色彩环境进行规划并加以限制，如意大利的都灵市早在1850年就实施城市色彩规划，对城市常用色彩进行了公示，以便城市居民在建筑色彩使用上规范化，并请专家定出城市建筑装饰标准用色，指导该城市的色彩规划与建设使用。巴黎对于城市色彩的使用规定也非常严格，但凡与街道不协调的色彩都不允许使用。日本在20世纪70年代开始城市环境色彩研究，1992年日本建设省颁布了《城市空间色彩规划》对城市色彩进行了规划与管理。

我国自改革开放以来，由于经济的快速发展而使城市化进程日益加快，城市建筑的数量急剧增长，这种增长和发达国家城市化初期相比也是空前的。但这种快速的城市建设，由于缺乏对城市色彩环境的规划与控制，使城市建筑色彩出现了混乱与无序的局面，这从某一侧面反映出社会转型过程中所表现出的对城市整体色彩环境规划的缺失。虽然在许多发达国家包括美国和欧洲一些国家在城市化初期，在快速的城市化的进程中都不同程度地出现过类似的问题，但是，我们对色彩科学的认识与审美的缺失程度却严重得多，这就导致我们所居住的城市环境存在着诸多视觉垃圾与污染，特别是建筑色彩环境污染较为严重。一些城市建筑色彩运用毫无整体规划而呈现五花八门的局面，城市广告用色也各自为阵而缺乏限制与管理，一些建筑玻璃外墙和霓虹灯更是让人炫目，人们整天被这种纷乱的色彩所包围，心绪烦躁在所难免。所有这些都还是表面问题，更本质的问题是由于经济的发展、信息与交通的便利，建筑材料与技术不再受地域与文化的限制，使城市建设中建筑材料的选择与使用、建筑形制以及城市设施的色彩使用更加随心所欲，杂乱无章的色彩环境弱化了城市的个性与特征，人们在面对多元文化的冲击下，在追逐时尚与现代的满足中完全忽略了城市的地域特色与文化根基。一个城市的建筑环境色彩和城市的主色调是城市文化与城市特色的重要组成部分之一。所以，我们要让城市给人更多的愉悦、舒适与美好，就必须按照城市自身城市环境色彩特征与文化来规划与建设城市，只有这样才能使我们的城市充满魅力与吸引力。

公共设施的系统规划与设计，是公共环境系统规划设计的重要组成部分。公共设施的规划与色彩设计，必须考虑城市环境色彩。如城市公共空间中的雕塑、壁画、公交候车厅、电话亭、邮筒及垃圾筒等公共艺术设施的色彩与造型的设计必须考虑城市整体环境色彩，必须考虑艺术作品与环境色彩的关系，在城市整体环境色彩的基础上把握艺术作品的色彩，使公共艺术作品的色彩成为城市环境色彩的点睛之笔，对城市的人文色彩环境起到提升作用。诚然，一个赏心悦目的城市色彩环境在给人审美愉悦的同时，也会使人对这一城市留下深刻的美好印象。所以，公共艺术的色彩规划与设计，也是城市形象的重要组成部分。如今，我国已有许多城市都意识到了城市环境色彩设计对城市形象与发展的重要性，一些城市也开始纷纷出台城市环境色彩规定，如北京在国内率先定位城市环境色彩的主色调，以灰色系作为城市环境主打色，南京也开始拟定制定法规控制城市建筑色彩；武汉市也出台《城市管理规定》对城市主城区实行城市建筑色彩控制，以及部分区域与景点实行色彩控制。不管实际效果如何，这足以表明我国的城市建设已进入了科学地把城市形象作为重要主题的新规划阶段。

2.3.3　城市建筑层面

城市公共空间中公共艺术的创作与设置，往往与特定空间环境中的建筑密切相关。在传统建筑中，建筑和建筑装饰与艺术是一个完整的整体，建筑装饰与艺术依附建筑而存在，它们是建筑和建筑环境的一部分。现代建筑舍弃了一切建筑装饰与艺术，使建筑装饰与艺术以新的形式出现在城市公共空间。城市公共空间中的公共艺术的规划与设计必须考虑建筑层面的各种关系，才能和整个公共空间环境形成整体与协调的关系。

城市建筑的形制与特点是城市在长期演变发展过程中积淀与演变的结果，也是一定时期内城市政治、经济、文化和技术的综合体现，特别是区域的文化对特定时期的城市建筑风格与场所的特性影响明显。城市建筑在体现城市面貌与特征的同时，往往也是城市公共空间中公共艺术的主要背景环境。城市建筑以及建筑群的造型、体量、材质、色彩与肌理等影响着公共艺术的创作与设置并提出整体性的设计要求。因此，城市区域内的建筑或建筑群体，特别是传统建筑环境应得到设计者的关注与尊重。

1. 城市历史文化与城市建筑环境

城市历史与文化是一个城市文化个性与魅力的生动体现，也是城市建筑环境得以形成与发展的基础。城市是建筑的群体组合，独具特性的建筑形态是构成城市景观的主体。城市在长期的演变与发展的过程中，其兴衰与荣辱都影响着城市建筑的规模、形制与风格，它是城市一定时期历史与文化、政治与经济等成果的集中体现，它是城市一定地域、一定时期内社会政治、经济、风俗与审美趣味的综合体现。城市建筑不仅作为有质感的形体存在，而且它还是一个城市历史文化以及城市居民勤劳与智慧的象征，它在更深的层面上显现了城市居民的文化认同，如历史延续感、精神象征感和宗教信仰等。特别是一些优秀的历史建筑，经过长期的历史积累已成为城市历史与文化的见证，具有重要的利用与保护价值，它是城市文脉得以延续的纽带。人们之所以喜欢游离在历史文化名城中，除了历史文化名城具有悠久的历史传统与文化、有着众多的历史文化古迹之外，其中一个重要原因是那些古老建筑所折射出的文化魅力。如图2-44所示，那些古老的建筑完全是一部无字的史书，在述说着城市的历史、科技与文化成就。所以，城市中的古建筑是一座城市的历史文化遗存，是现代城市得以延续与发展的基石，是一座城市文化和风格最直接的反映，它凸显着一座城市的特色与精神。对古建筑的建筑形制、建造技术以及色彩的考察与研究，有利于对历史文化设施和古建筑实施保护和利用，有利于新城的规划与建筑设计，更是公共设施规划与设计考察与研究的重点。

图2-44 《摩西》与建筑的结合

现代城市公共艺术的规划与设计，可与城市建筑或建筑群体所构成的景观相结合，使公共艺术作品与城市建筑环境和谐共生，从而提升城市公共空间品质，这就要求我们必须从整体上去把握与研究城市建筑环境。公共艺术与建筑环境的融合，可强化建筑环境的文化内涵与特色而构成新的城市景观。城市是一个系统，而且还是一个大系统。它是一个完整的整体，这种整体包括城市总体规划与城市空间特色，包括城市建筑特色以及区域建筑高度控制、建筑设计风格以及建筑材料使用等整体上的规划与控制。然而，人类不知从何时起，其城市生存的空间与环境，远离了建城初期的愉悦与美感初衷，远离了人们创建城市的初始愿望，城市居住环境所具有的丰富与多样性消失了，许多城市变得千城一面。城市文化个性的缺失以及城市间建筑样式的趋同，特别是现代建筑的简约形式使作为建筑装饰的艺术远离了我们的生活环境，现代城市在远离自然环境的同时，在崇拜科学与技术的狂热中，也使艺术的生活环境离我们越来越远。现代城市在钢筋水泥筑成的森林中逐渐变得拥挤、混乱而不可持续。究其原因，是我们的文化意识淡漠了，我们的价值观变了，我们在一味从自然豪取的过程中逐渐迷失了发展方向。其实，人类社会无论朝哪个方向发展，我们都离不开自然与艺术，我们必须在自然与艺术的环境氛围中诗意地活着。

2. 城市建筑与艺术

城市建筑作为一种人工创造物，是人们在长期的生活实践和城市演变过程中，经过无数代人带着对美的追求，为自己的生活所构筑一个美好的人工居住环境。我们人类的祖先在最初建造房屋时，建筑的实用功能和美学功能是合为一体的，也就是说，建筑工艺和建筑装饰是一个整体，体现美学意图与创造更好的生活环境是建筑的两个永恒的主题与特征。无论城市如何演变与发展，这种对居住环境的初始追求仍然在其建设过程中延续下来，并且随着时间的推移而发展，从而获得了自身的价值与记忆。这种价值与记忆是由实体的空间和精神的空间所共同作用的结果。

　　建筑的形制、建筑装饰与色彩和城市的历史一样悠久，它们都是特定历史时期城市文化的产物。如图2-45所示，任何城市都是由不同形式的建筑组成，且建筑装饰一直伴随着建筑的发展历程。特别是建筑与雕塑，它们之间的紧密关系由来已久。在建筑空间环境中，相对而言，建筑注重使用功能，建筑装饰则讲究精神效应，两者互相依托，缺了哪一方都会使建筑空间环境大为失色。纵观中外建筑史，建筑与雕塑的关系概括起来大概有三种：一为建筑的点缀，为装点建筑所用；二为建筑环境的空间媒介，如广场中心的雕塑等；三为建筑构件本身。有时，建筑与雕塑都是整体空间环境的组成部分，它们同等重要，不分主次，这要根据具体的空间环境与设计目的不同而定。

图2-45　华盛顿特区最高法院建筑浮雕

　　在中外建筑历史上，艺术曾以各种各样的形式为城市空间增色。建筑上的装饰艺术能在某种程度上体现社会生活状况，表达日常生活情趣，彰显城市文化与精神，有时还能体现轻松与幽默感。在传统建筑与建筑环境中，雕塑艺术有时作为建筑装饰依附于建筑，以烘托与点缀建筑环境；有时，雕塑作为建筑环境的一部分而在建筑环境空间中独立存在，和建筑共同构成空间环境品质。如图2-46所示，我国明清两代都城的皇宫被称为"人类在地球上最伟大的个体工程"，整个城池有着明确的整体布局。城池利用中轴线把从最南的永定门顺轴线向北经过天安门过渡到故宫的建筑群，最后达到景山中锋，层层起伏嶙峋，雄伟壮观。建筑屋顶、门窗和栋梁上都设计有精美的装饰艺术作品，整个北京古城在呈现出一种庄严与肃穆感的同时给人以艺术美感与震撼。这种艺术与建筑的完美结合在西方的传统建筑设计中也相当普遍，如古希腊、古罗马的传统建筑以及欧洲中世纪时期的建筑大多都是雕塑艺术作品、壁画作品与建筑相结合，这些雕塑作品和建筑形制相协调，从某种程度上强化了建筑的韵律与节奏。特别是欧洲10世纪以后，随着宗教的繁盛，城市教堂的门楣、立柱、墙面、壁龛等诸多建筑部位都设有精美绝伦的雕塑与壁画作品，建筑艺术与装饰已成为那一时期建筑不可缺少的一部分。但总体来讲，这一时期雕塑与壁画作品脱离了建筑而独立于室外空间的作品很少见。

图2-46　北京故宫

随着时代的进步，到了文艺复兴时期，由于新兴资产阶级思想的萌芽以及人文思潮的兴起，科学的探索精神促使艺术作品在思想深度和艺术水平上都达到了新的高峰，以米开朗基罗（Michelangelo）的《大卫像》为代表的雕塑作品开始出现在城市广场。一些骑马雕像在广场空间布局、空间尺度、构图形式乃至在比例上均和建筑以及建筑环境构成了紧密的关系，这种经过精心设计与推敲的雕塑与城市广场、建筑所构成的整体建筑环境，其良好的视觉效果对后来现代城市中的广场、花园、市政厅、教堂等公共建筑的设计产生了深远影响。这都是由于设计师在设计与建造这些建筑时把建筑装饰以及雕像的比例与透视和建筑进行整体上的构思与设计的结果。这些传统建筑与装饰大多选用石材，在材料与色彩的选择上又与使用石材建造的建筑协调统一，使建筑与建筑装饰形成统一而整体的视觉效果。这样的广场建造形制到巴洛克与洛可可时期又有新的发展，只不过由于其功能转变为对城市的美化而有过于华丽装饰之嫌。到了18世纪末新古典主义风格的出现，才使充满贵族趣味的繁复装饰风格转向单纯而简洁的艺术形式，这种有别于传统的恬静典雅的艺术形式使雕塑与城市建筑的融合日臻完善。

19世纪末20世纪初，随着现代工业与现代思潮的发展与影响，人们反对与摒弃传统的意识越来越强烈，特别是到20世纪60年代，这种源自于18世纪欧洲启蒙运动的反传统主义倾向以极快的速度迸发出来，人们迫切地想拒绝过去，重构城市新的未来。这种现代主义的倾向性在城市空间的体现是现代建筑简洁得去掉了所有装饰与点缀，只留下主要结构要件，以全新的"现代"形象示人，在城市规划上则创建了一种秩序井然的城市空间形式。

在科学技术迅猛发展、人们生活日新月异的时代，在人们为科学与技术所创造出来的摩天大楼而自鸣得意时，却猛然间发现生活在高层密集的生活空间中有着诸多缺失与不适。"一方面，一般性建筑的尺度过大，压抑了传统天际线中的公共象征物；另一方面这样的天际线描绘了一种经过预想的人类秩序，它完全是技术及人类追逐利益的设计行为所造就的。这与传统的城市观大相径庭，过去人们认为城市处在天与地的包裹之中，并接受这一原生框架的滋养与管制。"由于新兴城市在建筑样式上和传统建筑相比发生了较大转变，在使用功能上，建筑的公共空间越来越多，高大建筑、摩天大楼成为现代城市的标志。由于这些建筑在材料上过多地使用了混凝土和玻璃材料而使建筑缺乏生气，由于过于高大的外部造型和外部色彩在使用上的限制，使人在人为的环境中感受不到在自然环境中的轻松与自在。而且，现代建筑的简约风格使得建筑上的艺术作品与建筑装饰无处藏身。比较极端的是，某些建筑设计师不断地将自己的设计个性无限放大，雕塑与壁画已不再是公共建筑不可或缺的一部分。甚至有些现代建筑师说，我设计的建筑是独一无二、完美无缺的，不再需要其他任何艺术作品的存在。

但是，从实际情况来看，现代建筑的极简主义风格已使雕塑与艺术装饰无存在的空间，即使有存在的空间，传统雕塑与壁画也存在与现代建筑协调的问题。但是，现代生活节奏的加快与繁忙又需要艺术作品淡化公共空间环境的冷漠氛围，需要艺术提升公共空间环境品质，这在很大程度上促使了公共艺术的形成与发展。所以，欧美许多国家在"二战"以后均陆续出台让艺术参与城市建设的主张，并制定相应的法律法规保障公共艺术的资金与实施，"百分比"政策在欧美许多城市得到响应与实施。这在某种程度上避免了艺术作品在现代建设中"填空"与"补缺"的状态，为公共艺术的形成与发展提供了良好的契机。

公共设施的出现有效地淡化了现代建筑的冰冷形象，人们把这些艺术作品视作新城市中的一个部分，人们已经不仅仅满足于建筑设施的实用价值，而更多地注重审美和各种设施在空间使用上的整体需求。人们猛然发现艺术与我们的生活环境密不可分，于是，公共艺术作品以各种各样的表现形式出现在城市的公共空间。如图2-47所示，建筑的墙体、建筑的屋顶、建筑室内外的公共空间都是设置公共艺术作品的主要场所，并且，艺术与建筑的关系已不仅仅局限于雕塑与壁画，装置、水体、灯光、陶瓷与影视媒体等各种表现媒介相继出现，表现方式也不仅仅局限于传统写实手法，抽象、装饰等各种表现形式以出人意料的形式出现在城市公共空间。如果说城市化是人类社会发展的必然趋势，城市会让人们生活得更美好。那么，在城市这一美好的蓝图里，建筑以它的块面大刀阔斧地描摹城市的轮廓，道路以线连接着城市的每一个区域，公共设施则以它特有的点的形式以及斑斓的色彩点缀着城市，让人们在公共活动空间享受着一种独特的价值观念、审美情趣和文化情怀。人们把曾作为建筑装饰的艺术作品运用到城市公共空间并赋予它新的内涵与意义，使艺术以新的形式融入城市自然与人文更广阔的社会空间环境中。这种艺术与城市公共空间环境的融合，使这种艺术不再仅仅满足局部空间以及少数上层人士的需求，而是满足更大空间、更广泛的城市居民的需求，这种具有划时代意义的转变使艺术更具有公共性，更能代表城市居民的喜好与精神。

现代主义建筑完全拒绝使用艺术与装饰，而艺术与装饰长期以来是传统建筑的重要组成部分之一。在传统建筑中，建筑与艺术、建筑与装饰是合为一体的，它们都是建筑的有机组成部分。而现代建筑由于失去了艺术与装饰的点缀所表现出简洁与现代感，使人在现代城市过大的空间环境和高大的建筑环境中感觉乏味与无趣，人们需要人性化的空间尺度与艺术缓解现代城市空间的高大、冷漠与隔阂，需要艺术来满足他们的精神需求。不管艺术以何种形式出现在我们的生活空间，都说明了艺术与人们生活不可分割的渊源关系。

现代城市从整体规划布局到建筑设计，再到人的活动空间的规划程序，忽略了人性化的活动空间。现代摩天大楼的简约形式更是使艺术远离了我们的生活空间。而艺术是我们生活中必不可少的一部分，它在很大程度上装点着我们的生活环境、愉悦我们的心灵、满足我们的精神需求。公共艺术的规划与设计在很大层面上要考虑艺术作品与建筑，这种关系包括相互间的比例尺寸、风格样式、文化传承以及色彩等。在城市公共空间中的街道、公园、广场及各种现代综合建筑物围合的城市空间中，公共艺术发挥着在空间上的组织与连接的作用，并形成以公共艺术作品为中心的社会与文化意义上的城市公共空间。

图2-47 雕塑

欲创作出既能体现城市文化，又能与地域建筑形态和谐一致的公共艺术作品，就要尊重传统与现代建筑环境，要深知这些建筑是一定时期城市经济、文化与观念的综合体现。现代公共艺术规划与设计在很大层面上要考虑公共艺术作品与建筑和建筑环境的关系，这种关系包括在相互间的风格和样式、比例与尺度、文化传承以及色彩等关系上。

现代公共艺术作品所呈现的艺术形式已逐渐更新，无论公共艺术作品是对城市历史与文化的见证与记录，还是对名人伟业的礼赞，这类纪念性的公共艺术作品，已不仅仅局限于传统写实雕像严肃而沉重的纪念碑和墓碑形式，肃穆地立在广场的中央，四周用铁链维护而避免观众贴近，而是让公共艺术作品与人之间产生一种互动关系，其创作目的是要延续与加深社会各阶层对历史的记忆和对伟人精神的缅怀。随着科学技术的进步，公共艺术作品在创作理念与材料使用上不断更新，科学与技术观念也介入公共艺术创作领域，更多公共艺术形式不断地出现在城市公共空间。如何让这些公共艺术作品融入建筑以及建筑空间环境，使公共艺术作品与周围建筑环境共同营造宜人公共空间环境，成为艺术家、规划师以及景观设计师首先考虑的问题。

如图2-48所示为法国巴黎埃菲尔铁塔观光景点附近的公共艺术作品《和平之墙》，其设计灵感来源于耶路撒冷的哀号之墙。作品在柱子上用多种语言写出"和平"的字样，参观者可在作品上直接留下或通过网络寄来和平信息，经专业人士设计后可显示在此纪念作品所装置的显示屏上，从而让作品与参观者形成一种互动关系。

城市新区或重新整治的城市空间是公共艺术作品发挥作用的主要场所。因此，在新兴城镇和一些毗邻古老大城市外围的新的规划环境中，塑造系列与当地空间环境完美结合的艺术作品，可为城市居民和参观者提供新的空间美感体验。在此，建筑师、景观设计师和造型艺术家都可思考在改造空间环境上，如何针对不同的生活环境构思新的设计方案，让艺术注入新的城市空间，让建筑设计也考虑到与艺术作品之间的关系，通过他们之间的合作与配合整合出和谐一致的城市空间，让公共艺术作品写下城市与空间的历史，加强居民对一个新的城市环境的归属感，并在城市美学和多重实用功能上，将分散的环城区域与中心市区连接起来，从而增强场所的识别性。公共艺术作品《红蜘蛛》设置于巴黎拉德芳斯（La Déferse），是拉德芳斯（La Déferse）最具有代表性的艺术作品之一。如图2-49所示，该作品由切割钢板组成，运用螺栓连接固定，然后刷上亮色红漆，人们可以在它的身体下穿行。作品在造型上以斜线和流畅的弧线表现出高大而空灵的形体，与由水平线与垂直线构成高大方体现代建筑形成一种鲜明的对比，使灵动的曲线与直线语言构成的建筑形成了内在联系，并在色彩上使用鲜艳的红色与大面积的建筑的冷灰色形成强烈对比，从而营造了一种富有生机的环境氛围。虽然作品体量庞大，但由于在造型上使用流畅的曲线和富有活力的亮红色，却给人以一种相当轻盈的感觉。这件作品作为艺术与周围建筑环境完美结合的典范，因常被人们比喻为一只巨大的红蜘蛛而得名。该作品的作者是亚历山大·考尔德（Alexander Colder），他是美国最受欢迎的现代艺术家之一，他早期从事机械工程工作，后对艺术产生浓厚兴趣。他的作品以"风动雕塑"所产生的动态平衡美与利用钢铁材料所表现出的轻盈（如舞姿的静态雕塑）而闻名于世。

大楼出现，并在外墙大面积使用玻璃幕墙时，考尔德利用灵动的曲线及鲜艳且富有激情的色彩设计出不拘一格的艺术作品，有效地化解了钢筋、水泥以及玻璃所组成的冷漠空间，在现代城市空间中有效地用艺术化解了人与建筑环境空间问题，这是公共艺术与现代建筑共同营造人性场所的最好范例。拉德芳斯（La Déferse）的艺术作品《梦游诗人》，如图2-50所示，该作品利用铜与钢塑造出线条轻盈纤细的梦游诗人在圆球上演出平衡特技。巨大圆球上轻盈运动的人体与四周庞大厚重的建筑群形成强烈对比，这件艺术作品为强调功能性的建筑环境增添了不少诗意色彩。

图2-48　法国巴黎《和平之墙》

图2-49 巴黎德拉芳斯《红蜘蛛》

图2-50 巴黎德拉芳斯《梦游诗人》

3. 城市建筑墙体上的公共艺术

建筑墙体上的艺术可以说和建筑一样有着悠久的历史。建筑上壁画的起源甚至可以追溯到人类史前时代。现代艺术家仍然运用建筑墙体这一媒介美化与装饰居民的居住环境，并用墙体艺术形式给人们的生活环境带来诗意与色彩。虽说现代建筑大多以简约示人，许多现代建筑看似不再需要雕塑与壁画，但现代建筑高大冰冷的外墙以及大型室内公共空间，墙体艺术仍然以不可替代的角色出现在建筑墙体上，只不过表现形式更加多元化。现代墙体艺术具有以下功能：一是装饰与点缀缺乏变化且平淡无奇的建筑外墙；二是为拥挤与乏味的城市空间带来不同的景观与视觉感受。

墙体上的艺术往往具有很强的趣味性，常常运用一些让人产生空间错觉的虚拟透视图、叙事性的绘画以及半浮雕等形式表现当地历史文化与生活情趣。如位于巴黎玛黑区的一幅壁画，20世纪80年代法国自由派艺术家库米（Combes）在没有画框限制的大墙上，利用丰富的色彩与线条塑造出奇特的人物和景致。整幅作品用带有一定装饰性的线条、鲜艳的色彩以及生动的细节刻画描绘出了富有生命力的画面，为传统的历史文化设施增添了活力与现代感。还有位于巴黎某一街区街道路口上的一幅壁画，利用逼真的壁画装饰单调的墙面，利用写实的手法来制造三维空间的错觉。这幅壁画构图丰富、饱满，描绘了小孩和一个个动物的形体。其暖黄色的壁画色彩，不但装饰了原本空洞的墙面，还与建筑外墙的色彩融为一体，更增加了街道交叉路口整体景观的空间透视感。

在蒙马特街区的一个十字路口转角旁的马歇尔艾美广场上，有一面墙上似乎有人试着从墙体上跳脱出来，他就是作家马歇尔·埃梅（Marcel Aym）著名短篇小说中的主人翁，这神奇的故事背景就在这蒙马特街区，创造者是住在该街区的法国大影星玛娅（J.Marais）。美国费城最引人注目的公共艺术项目是"富兰克林艺术大道"，大道从市政厅到费城美术馆设置有摩尔(Moore)、考尔德（Colder）等艺术家的各种不同风格的公共艺术作品，加上1984年费城市政府休闲娱乐部实施的壁画艺术计划，城内超过2000面墙体创作了壁画和装饰，提升了费城整体的艺术氛围，使费城成为独特的壁画之城。如图2-51所示，武汉"汉阳造"文化创意园建筑墙体上的雕塑作品，通过似乎破墙而出的雕像提升了文化创意园区的艺术氛围。

图2-51　武汉"汉阳造"墙体艺术

公共艺术"百分比法令"是西方发达国家在城市快速发展阶段为强调艺术的公益和文化福利，通过国家、城市立法机构制定文化政策。这种政策的早期形式是依附在建筑上的装饰艺术，近代城市美化运动和当代城市公共空间对城市文化的需求更进一步促进了这一文化政策的发展。纵观欧洲城市的建设与发展，建筑与雕塑、壁画一直密不可分，从古罗马、古希腊时期建筑以及广场上的雕塑，从巴洛克时期广场喷泉与雕塑的完美结合，一直到近代德方斯广场众多的公共艺术设置，无不说明建筑与艺术的渊源关系。在德国魏玛时期，共和国宪法明确规定：国家必须透过艺术教育、美术馆、展览机构等去保护与培植艺术，并于1928年宣布让艺术家参与公共建筑物的艺术创作，用意是资助战后陷入困境的艺术家们。20世纪30年代，美国经济大萧条时期，美国政府就利用"公共设施的艺术项目"，组织艺术家为各大城市的公共建筑以及公共设施绘制壁画与进行雕塑创作，提供了艺术与建筑、艺术与城市公共空间相融合的契机，此项举措在拉动国家经济的同时，也极大地改善了城市公共空间的环境品质。一直到1959年费城率先批准了1%的建筑经费用于艺术的条例起，美国各城市都相继以立法的方式制定百分比艺术条例来推行公共艺术的发展，使城市墙体成为艺术表现的用武之地，建筑墙体上雕塑、彩色玻璃壁画等成为城市的新路标。特别是在20世纪60年代后期，美国总服务处的建筑艺术计划的实施，使许多著名艺术家的公共艺术作品出现在美国的各大小城市，为美国战后公共艺术的复兴作出了贡献。

20世纪60年代末，这股艺术风潮迅速流传到欧洲，整个欧洲在城市建设中也掀起了公共艺术的热潮，特别是法国于20世纪70年代末期，提出"艺术在都市中"的城建主张，对当时欧洲公共艺术的发展起到了巨大的推动作用。这在当时的欧洲和美国具有划时代的意义，这说明欧洲和美国在"二战"后对国家的建设不仅单纯注重物质层面的建设，而是城市经济与文化建设同步进行，极大地提升了欧美城市环境的质量。

　　我国自改革开放以来，城市公共空间中的当代壁画经历了30多年的发展历程。自1979年北京首都国际机场壁画诞生以来，建筑壁画在各大城市日渐增多。城市建设以极其迅猛的速度向前发展，诸多现代建筑早已不见中国传统建筑艺术与建筑相结合的局面，但现代公共建筑较大的尺度与冷漠的表情仍然需要公共艺术的介入来缓解人与环境的各种关系。首都机场壁画以一种前所未有的开放、多元的创意空间，开创了艺术与建筑融合的新途径。使20世纪80年代的壁画创作翻开了新的篇章，新材料、新工艺、新的壁画形式与语言的不断出现，在城市公共空间，在全国各大城市的壁画创作中都有给人耳目一新的壁画作品出现。

　　首都机场壁画的诞生，翻开了中国当代艺术的新篇章，同时，也催生了各种形式的艺术作品在城市公共空间的形成与发展。如雕塑、装置、水体、陶瓷艺术等各种艺术形式在城市公共空间的出现与发展。虽说壁画的发展在20世纪90年代有所回落，但随着壁画被纳入公共艺术领域，壁画的创作与设计早已突破了原有的平面与装饰局限，视觉语言、材料运用以及在体现城市文化内涵上已有较大突破。壁画作为城市建筑墙体上的公共艺术，在城市公共环境场所，无论它在美化、装饰建筑环境方面，还是在和公众交流以及体现城市文化与精神方面，都起着不可替代的作用。现代城市建筑环境，不是不需要艺术作品的参与，而是现代艺术作品以何种形式参与的问题，毕竟现代建筑在形制与内涵上与传统建筑已有很大不同。建筑给墙体上的艺术以存在的空间，而正是这些优秀的墙体艺术，使建筑无论在形制上还是文化上都得以完整呈现。

　　综上所述，城市建筑与艺术之间一直保持着相互依存的关系，只不过由于不同的时代和社会环境的不同，其共生形式不同而已。但无论如何，在城市整个视觉环境中，建筑是体量最大、最广泛的视觉元素，不管是传统的雕塑和壁画还是现代公共艺术，它们的设计与实施都需在城市文化的基础上和建筑及建筑环境协调共生。

本章小结

　　城市开放空间中的公共艺术是城市发展到一定阶段的产物，它的形成与发展取决于人民物质生活水平的提高和对城市公共空间物质与精神层面的需求、政治体制的进步和文化艺术领域的开放以及社会分工的进一步协作。公共艺术的规划与设计只有与城市整体环境包括社会政治、经济和文化发展相协调时，才能营造出具有人性化和审美情趣的、城市环境多样又可提供公众参与互动的共享空间。

　　从以上公共艺术整体性设计的四个主要层面的阐述来看，城市公共艺术的规划与设计和城市文化、城市总体规划、城市景观、城市建筑与城市环境色彩等有着密不可分的关系。公共艺术的规划与设计必须在综合考虑上述多个层面的基础上，从城市整体空间和布局与自然、人文条件的基础上对城市公共艺术进行整体的规划与设计。公共艺术是一个复杂的文化现象，它规划与设计的目的不仅仅在于创造和再现一件具体的实物，也不仅仅在于强调纪念或庆贺一个人及一个历史事件，而重在建立当下人与环境的一种新型的关系，以及由此所激发出的人们不同情感的回应，以促成可供民众自由、轻松交流的公共空间环境。从多重性的意义上说，当代公共艺术在愉悦大众生活、激发和释放大众的才智与情感方面，的确可以担负起积极的社会职能。"人类的建造活动并不仅仅为了操控物质环境，更重要的是通过对于物质环境的控制，实现内心的社会和宗教环境——那是一个文化意义上的理想家园。"

　　对公共空间的公共设施艺术设计不仅要从设计功能的合理性、人性化入手，更要从艺术的角度进行研究，将公共空间环境独有的地域性文化性特点融入其中，使公共空间的文化、城市独有的形象在现代设计中得以延续，实现公共设施在公共空间中的艺术价值，对城市空间中公共设施设计的艺术化发展提供指导性意见。

简答题

1. 简述怎样把握公共设施与公共环境的整体性原则。
2. 怎样将城市历史文化与城市公共设施结合起来？

实训课堂

实训课题：搜集公共设施与公共环境缺乏协调性的案例。
（1）内容：搜集案例并且写出改善方法。
（2）要求：案例不少于5个。

第 3 章

公共设施与人文化的关联

学习要点及目标

1. 掌握人文化的基础理论知识。
2. 掌握公共设施与人文化的交互设计以及安全性原则。
3. 了解人文化对公共设施设计的影响。

本章导读

　　面对发展如此快速的经济,各种如此稀缺的能源资源,人们的行为方式和理念正在朝着一个更高级别的层次迈进。城市公共设施的产生和发展,以及到后期的更新和维护等方面,都是基于人的生理、心理以及发生着的先进技术、材料、科技而改变的。加之随着城市化进程的加快,城市公共设施和城市化也出现匹配不是很到位的情况。另外,公共资源的浪费、设施设备材料的损耗以及一部分材料不可回收造成的环境污染,各国政府面对生活环境日益恶化、大自然气候变暖等情况,提出了"节能减排""低碳生活"等生活理念,如图3-1所示,共享单车的盛行号召人们都行动起来,用自己的实际行动来推动环保理念的实施。

图3-1　共享单车

3.1　人文化的内涵与外延

　　现今,环保这一人文理念已经被大家所广泛接受,推动着各行各业的人们都在致力于如何保护环境、在不伤害自然环境下开发出可回收的材料或者可再次利用的环保理念,这一人文理念对公共设施的影响是不可小觑的,不管是

3.1　PPT讲解

在设计理念上还是在材料的运用上以及空间的优化上等，都在贯彻这一主题。人们通过各种方式来将这一主题付诸行动，从更大的环境上来说，环境受到破坏，灾害性气候频发，大家在使用公共设施时，更加应该注意环保理念的实施。

另一方面，随着生活压力带来的人的复杂心理程度的增加，更加要求人在面对使用公共设施时，能够以一种自然、舒服的精神状态来使用，在这一压力的推动下，基于人文化的因素，公共设施设计才会不断地改进，更加贴合人的需求，不管是在生理上还是心理上，以及更高层次的需求上。

3.1.1　人文化的文化理论

马林诺夫斯基（Malinowski）将文化定义为："文化是包括一套工具及一套风俗——人体的或心灵的习惯，它们都是直接或间接地满足人类的需要。一切文化要素，若我们的看法是对的，一定都是在活动着，发生作用，而且是有效的。文化要素的动态性质指示了人类学的重要工作就是研究文化的功能。"马林诺夫斯基的文化观集中体现在他的著作《文化论》中，主要包括以下四个方面。

1. 物质设备

它是文化中特征最显著、最容易掌握的。如物品、设备、房子，是文化当中最容易掌握的东西。

2. 精神方面的文化

总的来说，它包括各种各样的知识，以及道德上、精神上和经济上的价值体系，社会组织的方式和语言，而"标准化的、身体上的习惯或习俗，亦即机体上较巩固的修正"。

3. 语言

语言虽然是文化整体的一部分，但马林诺夫斯基将语言从社会组织中脱离出来，进行另外的概括。

4. 社会组织

整体来说是社会环境、物质设备与人体习惯的混合，是一个一整套的标准规矩。它靠"外在的规则、法律、习惯等手段进行维系，这些手段的内在根据是个体的良心、情操等道德动机"。

马林诺夫斯基文化观的概念当中，"功能"和"需要"则构成了其核心。在其看来，文化是为了人的需要而存在的，而且认为需要是有不同等级的，并且需要不同的文化来作出回应。他将其分为三个层次。

（1）寻求最基本的需要，如安全、舒适需要。

（2）社会方面的衍生需要，如经济、法律和教育体系。

（3）精神方面的需要，如艺术、宗教等。不同的新的需要会要求新的文化体系的出现，"因此，文化成为对各种需求作出回应的一张庞大复杂的行为之网。"马林诺夫斯基是在以需要为基础的文化功能主义的前提下来研究各个文化之间的关系，因此，文化不仅仅指狭隘的知识方面，还应该包括我们周边看得见、摸得着的物品，当然，公共设施也是在其范围内的。

3.1.2 社会人类学的概况

拉德克利夫·布朗（Radcliffe Brown）将人类学研究分为民族学和社会人类学，在布朗看来，民族学主要有两点。

（1）进行人种和文化的分类。

（2）推测无文字民族的历史知识。

他对这两门学科提出了这样的定论："把民族学一词的使用限于上面描述的历史模拟方法对文化的研究，而社会人类学一词则用来表示力求形成贯穿于文化现象的一般规律的研究。"布朗将文化等同于社会的生活方式，在他看来，文化就是"一个人通过与别人接触，或从书籍和艺术作品中获得知识、技能、思想、信仰、品位和情感的过程"。在他认为，文化是不可见的，社会人类学应该研究可见的社会结构，而非社会、社会制度或社会生活方式，应该研究学习的是社会生活方式的变化状况。

3.1.3 人文化与设计的贯通性

"文化"一词是很难定义的，它可以代表太多不同的东西：从人类学含义到文化的功能和需要。前者用来描述的是社会生活方式，后者则是用来描述物质设备、文化精神等。设计是一种简单的生活方式，将设计和文化两个词放在一起，即刻融合了两者的贯通性，两者之间的相互贯通也是非常生动和形象的。设计师赋予了公共设施设计当中的文化性，并且也构成了社会文化当中的功能性。设计在设计的过程当中，通过对视觉语言、设计所传达的信息以及形态价值等的设计关注点，组成和融洽其作为文化的一部分。设计在市场的文化影响中占有非常重要的位置，因此，在"消费文化"这样的大背景的前提下，阐述设计与文化之间的贯通性也就成为人们关注的焦点。

20世纪80年代以来，设计与文化的贯通性这一主题相关的研究著作也大量发表。所研究的内容也是相当宽泛的，所涉及的内容包括城市景观、人群的分类、人的消费水平的分类以及受教育程度等的影响，在理论方面的内容更加专业化以及理论化，如社会学、知觉心理学、人类学、视觉文化、历史文化、装饰艺术史等，这些内容所广泛的研究，都在有意或无意中将设计的内容重新定义为一种新的文化的出现，将设计作为一个文化的历史素材进行参考，对其作为一种文化现象。文化与设计是相互贯通的，设计的基础点应该参考当地的文化或者历史背景作为基本研究点，不同的文化特色反映在不同的设计当中，如图3-2和图3-3所示为西安古城，其公共设施的设计无不与其文化古城这一特点相呼应，道路两边的路灯、公共座椅、公交候车厅、古城楼两边的设施都直接有仿古的特点，在特定的环境当中表现了特定的文化。而其公共设施则是一种很好的载体，公共设施除了满足人最基本的需求以外，还有宣传城市文化的特征，体现当地的风俗习惯、风土人情以及地理气候等特征。因此说，设计与文化是相通的，设计中体现了文化的痕迹，反过来设计也是文化的一种体现。

图3-2　西安古城（1）

图3-3　西安古城（2）

3.2　人文化的理论基础

3.2.1　人性化的设计理论

3.2 PPT讲解

　　从人的角度来说，书中提到："人性化设计是人类生存意义上的一种最高设计追求，是运用美学与人体工程学的人与物的设计，展现的是一种人文精神，强调精神与情感需求的设计，是人与产品、人与自然完美融合的和谐设计。"并以家具为设计对象，多视角地对人性化设计的概念、思想和原则进行阐述和分析。我们在进行设计的时候，在以人体工程学为基础的前提下，应该主动探索人机关系当中人性化的设计，充分关注人的心理需求，将产品的功能性很好地结合人性化进行设计。如图3-4所示，牙签的设计，与牙签尖的对立的一头在设计时开有小槽，这样既方便人们在使用牙签时可以将其作为暂时的放置地，从另一方面也体现出人性化的设计。如在城市当中经常见到的城市公共座椅，为了保护人们的心理安全距离，一般公共座椅都是开放式的，这就在心理上很好地照顾了人们的心理。另外，在设计公共座椅的时候，要充分考虑到人的生理机制。人在坐立时，减轻了身体对于腿和脚的压力，人可以处于一种非常放松的状态，有益于情绪的稳定和放松。另外，人在休息时，会对神经造成一定的压迫感，不科学的公共座椅的设计以及不正确的坐姿，会给脊椎增加很大的负担，使人产生不舒适感。因此，座椅靠背的设计要以人的坐姿尺寸数据为设计参考，充分考虑到人性化的设计因素。

图3-4　牙签设计

3.2.2　文化区域的影响

在公共设施设计中，城市公共设施的设计会越来越突显本城市的文化精神以及城市的人文内涵，在公共空间范围内，城市公共设施在公共空间内起了重要的作用。因此，城市公共设施设计也是反映了一个城市的生活习惯、文化历史因素、自然环境的影响因素等。在除了基本的产品的实用功能以外，城市公共设施的设计也会成为城市的一道风景，吸引人们的关注，展示不同的文化格局。不同的文化对公共设施的感情因素也是不同的，会产生不同的情感体验，也蕴含着一个城市的历史文化，历史的积累也是一个城市的灵魂，通过对历史的了解，反映在城市的公共设施上，而城市公共设施的设计也在视觉上反映了一个城市的生活方式和习俗。城市公共设施在文化的表达方式上也是一种展示，是城市文化的载体。如果一个城市拥有自己独特的设计文化，在生活周边处处展示自己的文化设计，那么，这个城市就会体现自己的设计灵魂，有自己的城市味道。

如图3-5所示，罗马斗兽场是罗马时期最大的圆形角斗场，罗马斗兽场从外看是圆形围墙，共分四层，柱式依次为多立克柱式、爱沙尼亚柱式、科林斯柱式，其以建筑的建造特点宏伟独特的造型闻名于世。同时，这些作为一个城市标志性的文化象征，是公共设施另外一种特殊的表现方式，见证了城市的发展过程以及文化的沉淀与繁衍。在我国南方，对于江南水乡情有独钟，古人很巧妙地在有限的园林空间内制造出小桥流水、曲转回廊的文化效果，这也说明了文化能带给城市别样的色彩。从文化区域来说，传统文化、地域文化以及现代社会文化在众多文化因素中对城市公共设施产生的影响最明显。

图3-5 罗马斗兽场

1. 历史文化的沉淀

从我国长达5000年的悠久历史来说，经历了夏商周、春秋战国、秦汉、三国、两晋南北朝、隋、唐、五代十国、宋、元、明、清各个朝代，每个不同的朝代，都具有自己的经济文化特征，包含不同的文化区域风貌特征，都会有自己朝代的新的文化历史，审美情趣也不尽相同，如春秋战国时期，由于当时经济的进步以及铁的发现，出现的司母戊方鼎，体现了当时的社会生产力。由于不同的历史时期，其政治经济体质也不同，因此文化体现与审美情趣也各有所偏见。比如，我国古代商周时期的强悍与狰狞；唐朝的富丽、华贵与精致；宋朝的婉约与清秀；元朝的粗犷与豪迈；明朝的简洁；工业化时代的冷漠与僵硬。城市公共设施除了本身所具有的功能外，还包含着对传统文化的表现能力，这也是作为一个城市的文化特征来设计的，是城市文化的象征。

2. 区域文化的沉淀

区域文化的了解是掌握当地人行为习惯、意识形态以及心理特征的重要渠道，是现在城市风貌形成一个载体，关系是相辅相成的。研究区域文化，可以了解当地人们的心理，了解城市公共设计是否符合人们的心理特征以及心理需求。在当下的设计当中，人是本土文化与城市公共设施的一个连接点，应该将人的情感化设计到产品当中，把本土文化与人的需求相结合，融入到设计当中，扩展公共设施的意义。当地的区域文化可以很好地反映人们的生活方式、精神风貌等特点，是独特的传承了文化中的特色区域文化。例如，在山西有窗花艺术，窗花的发展不仅和当地的自然气候有关联，同时也是表现红火的一种象征心态，更好地表现了人们的心理活动。另外，在设计公共设施的外观设计时，可以结合本土的文化将其元素设计到公共设施当中，这样也可以在公共设施中体现区域文化，达到整体的统一。

3.3 现代城市公共设施设计中人性化的相关因素

3.3.1 人的生理特点

人的生理特征，是指人的各种生理机制，即组成人的各种器官等。在人

3.3 PPT讲解

体当中，最重要的莫过于心的机能的形成，心的生理特征是推动血液循环、维持生命的基本体。人在活动中，出现心悸、头晕等现象都是由于心脏的运行机制和周边的器官没有配合好的缘故。人的动作、行为等都是依靠肌肉的配合来完成的，肌肉和皮下组织在人体当中起到了一个骨骼和外界的缓冲作用，在人进行动作时起到的一个保护作用。骨骼是人体的基本机构，是人体组织的一种，其重要作用是保护身体器官，同时，骨骼能够造血，形成血细胞的生成，而且骨骼是可以自己不停地新陈代谢的，骨骼的健康直接影响着人体的健康，是值得我们关注的。如图3-6所示，在骨骼的关联之处，有关节进行调节，关节可以使肢体动作更加灵活，可以促成人体活动。人体的呼吸功能的作用为人体输送氧气，经由肺部进行气体之间的转化，在生成二氧化碳后排出人体，人体当中的消化系统是负责把人体当中的食物转化为营养，为人们的日常生活活动提供养分。在人的身体机制中，人体的各种器官相互配合、相互合作，使人体在正常范围内活动。

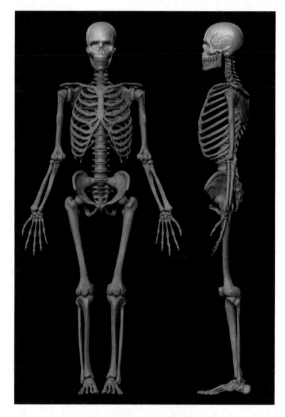

图3-6 人体骨骼图

在设计过程中，人的生理机制会直接影响人的各种活动。从安全座椅的角度来说，随着人的生活水平越来越高，生活质量不断提升，对于舒适程度的要求也在增加，使其不仅能够在使用方面安全舒适，而且能够以使用者的角度来考虑使用者的使用环境。由于工作强度的增加，现代人办公坐的时间越来越长，而且坐姿不正确，很容易造成精神压迫神经，时间长了，会造成腰酸背痛，给身体的健康带来很大隐患。因此，在设计办公座椅时，应该结合人们的坐姿来设计，给腰部一个缓存的力，贴合人的生理特征。应对座椅的曲面进行严格设计，合理地分散腰部的压力，减少人在脊椎方面的受损。如图3-7所示，在设计公共座椅时，要充分了解人的生理特征，根据人体测量的标准来建立人体尺寸数据库，为将来公共设施的设计提供理性的理论依据。

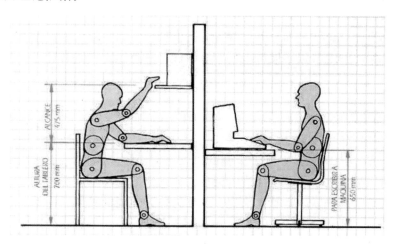

图3-7　人体坐姿尺寸图

在设计中，人的因素的表现是在人与设施发生过程中出现和表现出来的特性，需要先从人的生理特性出发进行研究，人的不同层次的需求从最初最简单的实用要求到现在需要的精神层次的追求和满足，应该以人的生理特征作为最基本的根据来设计。在人与座椅的关系方面来说，想要在人与座椅之间寻找最基本的平衡点，就应该以人的坐姿的参考数据作为出发点，着重研究不同形体、不同身高的人对于座椅的不一样的需求，深入进行坐姿数据的变化分析。另外，公共设施在设计方面，还应该起到一个引导作用，通过引导人的行为方式的改变，使其在使用当中形成一个健康的使用状态。

3.3.2　人的心理与行为特点

普列汉诺夫（Plekhanov）在其艺术研究中指出人的心理机制是受社会学方面的影响，"人的本性使他有可能产生审美的趣味和概念，他周边的条件决定着这种可能性变为现实性：这个社会人（即这个社会、这个民族、这个阶段）之所以具有这样的而不是那样的审美趣味和概念，原因也在于人的周围环境"。不同的时代，人的心理会发生不同的变化，审美也会随着周边环境的变化而改变，人的心理是意识形态最直接的原因。人的审美感受是感觉、知觉、想象、情感、思维等多种心理功能的集合。

（1）感觉是人们对于事物所产生的第一印象，是第一信息被大脑不断转化所产生的反应，是最基本的初级阶段的认知，经过大脑的收集、转化、分析、编码等步骤来反映事物的第一印象。心理学角度对于注意的定义为"心理能量在感觉事件或心理事件上的集中"。因此好的设计应该在第一视觉的时候就抓住大家的注意力，提高信息传播的效率。想要抓住其行为，就应该在短时间内吸引其注意力，无意受众的群体也是可以挖掘的潜在群体，因此，应该抓住其视觉与情感的交流，潜移默化地引起其行为的改变。

（2）知觉是指人通过感觉器官获取外界信息，并经过大脑加工对该事物产生的心理感知过程。格式塔心理学认为，知觉可以比眼睛遇到更多的东西，在视觉环境当中，我们感官可以看到色彩、形态以及空间的实物，然而知觉可以感受到这以外的东西，如氛围、设计的风格等，知觉起着辅助的作用。知觉是以感觉为基础的，在对外界获取信息以后通过对信息的处理以及结合内在心理活动而进行的一种活动。知觉可以将事物分成整体性，即可以把拥有不同属性的事物看作是同一整体来对待，也可以选择性地将在复杂环境当中的关键事物抽出进行加工从而有心理感知，而将其他内容进行模糊。知觉是依靠感觉为基础，必然会受到感觉的影响，如对比强烈、色彩比较丰富的事物更容易被作为主体来对待。视知觉在很大程度上容易受到人的知识背景、兴趣爱好、年龄层次等主观影响，因此说，不同的人对于同一事物的知觉也是不一样的。

（3）想象是人在头脑里对已储存的表象进行加工改造形成新形象的心理过程。它是一种特殊的思维形式。想象在认知过程中，与思维一样，是属于高级认知过程。想象的实现是通过依据现有生活当中的场景，经过大脑的再加工，经过新的创造来创造出新的形象。另外，想象力还可以依靠大脑的记忆力进行回放，通过记忆的拼贴进行加工，也可以将以往的知识经验和现有的情况相联系。整体来说，想象力是对客观世界的一种反映形式，是一种形成性的概念的东西。在想象力中，意象、知觉和概念是一种心理功能的集合，不同于感官当中视觉、触觉、听觉等，想象力是一种存在于头脑当中的形式，通过重新排列，可以创造出更加具有价值的、丰富的心理功能。别林斯基（Balinsky）认为："在文艺中，起最积极和主导作用的是想象""创造过程只有通过想象才能完成"。马克思说："想象力这个十分强烈地促进人类发展的伟大天赋，这时候已经开始创造了还不是用文字来记载的神话、传奇和传说的文学，并给予人类以强大的影响。"因此，设计师在设计产品时，应该充分发挥自己的想象力，将设计的产品与之相联系，使其产品多样性，更加突出。由此可见，想象力是设计师设计产品时用之不竭的东西，我们应该充分展开想象力来进行设计。

（4）情感是人在反复感知、认识事物的过程中逐渐积累起来的比较稳定的心理体验及心理态度，包括喜、怒、哀、乐、爱、恶、憎等。情感是人们心理体验及思想发展的东西，是对社会实践的一种反应，是直观反映了人的内心的心里体验。情感的需求影响了人们在选择产品时需要什么类型的产品、什么材质的表达可以达到不同的情感的需求，因此，设计师在设计公共设施时应该注重对人的情感的研究。如对于产品的外观既要结合产品本身所需要的形状要求，还应结合人对于不同产品之间的形状要求、喜爱程度等。人的心理状态以及心理态度是多样性的，不同的颜色、不同的事物会引起不同的心理感受。因此，设计师在设计产品时，需要认真考虑使用者的不同状态，不同的情感的需求。人的情感的需求只会在特定的时间以及空间范围内产生。如不同年龄层次的人情感状态的需求也是不一样的，在颜色对比上，年轻人更倾向于颜色比较明快、活泼的色度，相反，中年人则更倾向于比较沉稳、利索的颜色上。再如，对公共设施设计来说，北方四季比较分明，因此考虑到天气自然因素，在造型上通常会偏向于气势恢宏的造型，而南方气候性变化不大，因此在造型上反而更加温文尔雅、温润如玉一些。这样来看，这些设计的整体趋势都是和人的情感分不开的，人的情感的整体状态会影响产品的设计趋势。以人为出发点，了解在不同范围不同层次的人的情感文化以及精神需求是必要的设计前提。

（5）思维是设计师按照理性原则分析、综合、比较、分类、概括、抽象的过程。思维不同于人的感觉和情感，思维是在原有表象的基础上对现象进行分析、加工、概括、抽象的过程，是一个理性的过程。在设计产品时，应该充分运用创造性思维进行头脑风暴，将迸发的设计灵感思维运用到设计当中，产品才会不断地创新、不断地更新。另外，在现有产品的基础上，还可以进行改良和再制作，充分发挥思维的潜能，为新的设计产品的出现提供思路。

在认知心理学中，研究的内容包括事件发生时的心理活动以及心理活动发生时的发展规律和走向，兼有自然学和社会学的双重属性。如在事件发生时，人们会判断自己所处的信息反馈，从而判断其应该做出什么样的身体反应以及心理状态。在电梯狭隘的空间内，人们的安全距离被打破，人就会出现紧张、焦虑的情绪，身体会自动呈现保护的状态，尤其是和单独的人在一共同区域内。在城市公共座椅设计的时候，经常是开放式的状态，这样既会给人以安全距离，又会便于人们之间的交流，单个的座椅则会配备桌子，以此方便人们休息。人与他人的距离是由亲密度来定的，在一般情况下，距离越近的人代表他们的关系越亲密，在杨盖尔的《交往与空间》一书中明确指出了人们如何使用公共空间以及公共空间的设计该如何支持或阻碍社会交往与公共活动，并且根据人的心理特性提出了创造富有人情味的户外空间。

3.4 人文化中的交互设计

在人机工程学中，工程学从环境和产品出发，研究三者之间的相互关系以及使用的合理性，以人为主体，在充分考虑产品本身功能的特征外，与人的使用心理以及使用环境相结合，使使用过程更加快捷、舒适。以明清家具的椅子为例，其主要的附加功能特征是端正，因此，在设计过程中，除了要考虑到

3.4 PPT讲解

椅子的功能外，还应考虑到人在使用时的环境状态、心理活动等。在数据上，椅子的尺寸要符合人在坐姿时的身体的各个人体尺寸的大小，以及符合黄金分割比例。在造型上，椅子的外观应符合当下使用的环境特征。另外，对以舒适性为主的功能要求来说，椅子的设计应该符合人在放松时的身体的使用状态，以舒适为主要目标，来确定椅子的基本造型以及尺寸的参数。

3.4.1 人机工程学的概述

人因工程学（Ergonomics或Human Engineering），又称人机工程学、人体工学、人因学等，是研究"人—机—环境"的一门学科，在这个过程中，要协调好人本身的各个情感因素、使用习惯与机器之间和互动因素的一门学科。在人、机、环境三个要素中，"人"是使用者，是研究的主体，因此，在使用中，人的生理机制和心理活动都是研究的对象；"机"是指操作设备或使用产品，是与人接触的产品或者与人有互动的过程，都属于交互的范畴。"环境"是指人所处的空间区域，区域内的各种因素对人形成怎样的影响的研究客体。随着机器的不断更新换代以及人们物质水平的不断提高，人们已经从最初的怎样提高生产效率为主要目的到现在怎样设计产品可以更大程度地满足人的需求以及符合人的生理、心理的特征作为基本出发点。人的心理活动状态会随着世界观、人生观、价值观的改变而改变，会受到人所接触的事物的影响而变化，因此，在人因工程学里，人是一切研究的前提，要时刻关注人的动态。从人的角度上进一步研究了人与机器之间的关系，在设计产品时，除了要注重技

术与审美的要求，还必须有强烈的时代意识，新的产品是服务于当下的生活状态以及生活习惯的，它的出现反映了当代的审美意识以及技术发展的程度。

3.4.2 交互信息设计

交互信息设计是以计算机网络为媒介，运用色彩、文字、图像等视觉元素实现信息的交互。在互联网快速发展的今天，计算机以及网络的出现已经悄然改变了人们的生活习惯以及思维方式，人们的生活方式也越来越依靠网络，在这种环境下就会产生人机交互的体验设计。交互信息设计涉及的领域比较广泛，会涉及心理学、设计学、语言学等学科领域，是在用户和界面操作的基础上产生的，我们现在常说的交互设计（Interaction Design）就是指用户的界面设计。在互联网以及信息技术发展的今天，以图画的形式出现的信息则更容易被人们所接受，生动的图画加上简洁概要的文字阐述，更容易吸引人们的眼球以及可以在较短的时间内储存在人的大脑内，即这种设计的趋势也逐渐占据主体市场。

如图3-8所示，现有的信息交互可以概括为移动设备终端用户界面、图形用户界面、网页交互信息。移动设备终端用户界面常用的有智能手机、车载系统等移动的个人终端设备，这种设备的特点是可以及时传播信息，为人们的交互提供了一个更好的互动平台。图形用户界面是通过利用图形的易识别性、易操作性特点来进行的交互设计，通过对界面当中经常用到的指令进行图形化，解决了用户记忆的负担，如游戏的界面，会将各种功能用图形来表达，促进了用户与信息界面之间的交流互动。网页交互信息是基础性的信息平台，既可以自己创建网站页面设计，也可以通过浏览他人的页面进行交流与沟通，以获取自己所需要的东西，是比较广泛的信息传播载体。在未来的交互当中，还会出现更多新型的交互设计，人机交互的形式将更加多样化，会出现虚拟与非虚拟、立体与平面、二维和三维的结合，另外，还会充分利用人的机制来完成，如身体的肢体变化、视力的眼球转动、面部的识别系统、皮肤的皮组织等，都会成为新的研发对象。

图3-8　车载UI界面

3.4.3 交互设计与心理学的关系

信息加工模型图在设计当中，设计师要充分利用自己的感官系统进行设计，通过对听觉、视觉、触觉等人体感官的认识，研究应该怎样利用人的感官特点来认知事物。与此同时，能够了解使用者的感官状态将有利于设计师在设计产品时的信息反馈，使其如何在舒适的环境下接受信息。在感官认识中，通常会利用听觉和触觉来协助视觉上的设计，比如手机的提示功能，除了客观因素外，诸如动机、兴趣、知识经验等主观因素也是影响人们理解信息的重要因素。如果设计师能够深入地学习和研究，将有利于交互设计师在设计的时候能够更加准确地挖掘自己需求并提高设计质量。

1. 相似原则

相似原则是指相等或相似的元素形成整体或群体。如图3-9和图3-10所示，你会不自觉地认为图3-9是纵向排列的，而图3-10中是横向排列。

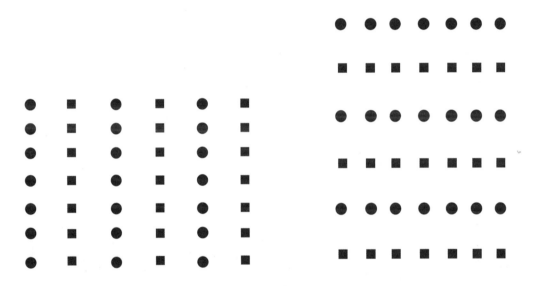

图3-9　纵向排列图　　　　　　　　　图3-10　横向排列图

这组图充分说明了人们通常把具有相似特征（如大小、形状、颜色等）的事物组合在一起。而在交互设计中，我们经常用到这个原则，如网站的导航，使用不同的颜色即可很容易将一级导航和二级导航区分开；再如想要突出某一板块时，应该使用更加吸引眼球的视觉效果进行设计，如在大小和颜色的运用上，都可以进行设计，以此来区分和其他部分的不同。

2. 接近原则

接近原则是指紧密靠在一起的元素形成整体或群体。如图3-11所示，你会不自觉地把它分成左右各一组。

3. 闭合原则

闭合原则是指我们倾向于将图形中缺失的部分"填满"。如图3-12所示，你会不自觉地认为它是个三角形，实际上它们只是几根线条而已。

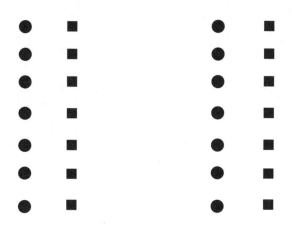

图3-11　排列图

图3-12　排列图

3.5　公共设施中使用人群的归类

　　公共设施的人群分类根据不同的场景、不同的设定，所划分的区域也是不一样的。人是公共设施交互的实施者，也是公共设施的使用者，是研究的主题，具有不稳定的生理和心理特点。如何使公共设施和不同的使用者产生感情的交流，需要我们对不同的人群进行分析和研究，下面将对儿童、中青年、老年人以及特殊人群进行分析。

3.5 PPT讲解

1. 儿童

　　儿童在不同的年龄阶段表现的生理和心理的需求是不同的。在0～3岁，儿童的听力、视力以及触觉在不断地感知世界、了解世界，在这个阶段，儿童更需要安全感，因此，在设计相关的公共产品时，应充分考虑到这一点。随着年龄的增长，儿童身体的各方面机能也在不断地成长，这时候的儿童在身高和体重上都会有明显的改变，活泼好动，在心理方面，容易受到大人的影响以及是一种接收和服从的状态。儿童阶段在创造力、记忆力、色彩感知度上都是非常重要的关键时期。在设计儿童的公共设施时，要把安全性放在第一位，其次是产品功能本身带给孩子的心理体验感受。如在设计儿童玩乐设施时，除了要考虑到安全问题外，还应积极考虑到儿童自身的条件限制以及心理情感的需求。儿童玩乐设施的设计首先应该具有趣味性，能够增加儿童与儿童之间的互动性，让儿童感受到欢乐与关爱，因此，儿童的公共设施应该是建立在安全、舒适、趣味性的基础之上。在造型方面，儿童在这个时期具有创造性以及可以通过五官以及触觉对周边环境有印象，如明亮的红色、黄色会增加儿童的欢乐性，通过对不同材质的触摸会了解这些材质所代表的情感，这个时期所产生的认知会影响到儿童性格的形成，并且对儿童沟通能力、记忆力、创造思维能力有很大的影响。在儿童和公共设施产生互动的同时，应该增加一些学习的趣味性以及学习的因素在里边，这样既可以吸引儿童的注意力，培养其以后注意力的形成，还可以开发儿童的智力，使儿童和公共设施能够产生良好的情感交流。

2. 中青年

中青年在这个阶段生理和心理机制已经发展成熟，性格也已经趋于稳定，情绪不容易受到外界因素的影响，并且对于周边环境有了一个很好的适应机能。这个阶段的人群的情感需求更偏向于成就感、自我价值的实现、社会需求以及社会归属感。在社会关系发展过程中，更多的是面临学业、事业的压力，以及与人之间的关系问题，因此，针对这个时期的人群，公共设施设计应该满足舒适的需求特点，使用者在使用过程中可以放松自己，可以充分感受到归属感的情感因素，设计出具有人情味的公共设施。

3. 老年人

随着全球老龄化趋势的增长，城市公共设施在这一方面的需求也在不断地增加。从老年人的生理和心理机制来分析，老年人在视觉、听觉等方面身体机能都在逐渐下降，而且随着身体机能的下降，老年人的记忆力以及生活自理能力也在逐渐衰退。在这些前提下，老年人的情感需求也在变化，如自尊心增强、情感容易波动、固执、不容易接受新鲜事物。根据以上老年人的特征，我们在以老年人为对象的公共设施中，应该遵循老年人的生理与心理特点，以安全、关心、生活方便为主，在设计公共设施时，应该增加老年人可以交流的机会，多与人沟通，在涉及交通出行的时候，应多考虑老人出行不便等特点。再如，老年人的视力下降，涉及操作时字体应该增大，操作简单，如果有按键时，可以搭配声音来进行设计，这样可以增加老年人的使用安全感。

4. 特殊人群

特殊人群是指由于特殊原因导致生理或心理不健全，不能完全照顾自己以及进行一些社会活动等。这方面的人群在情感需求上则更加强烈，需要社会的尊重以及关爱，设计师设计这一类公共设施时应该具有心理同理心，从这些人群的需求出发来设计产品。例如，盲道的铺设、专有的行走无障碍通道以及为一些盲人设计的专用的读书工具等。

3.6 安全性体验

3.6.1 安全性保障

3.6 PPT讲解

在城市公共设施与人文化的研究中，公共区域内的安全性是得以进行其他活动的前提和基本保障。随着城市规模的扩展，城市人口也在不断上涨，需要的公共设施也越来越多。在这种大前提下，城市规划者应该做好服务设施的规划设计，在考虑好其安全性的前提下，还应该做好以后公共设施的维修和更换的工作，从而使城市发展更有序、更便民、更安全。要加强城市公共设施运行安全管理，把着力点放在日常综合预防管理体系的建设上，建立"条、块、点"相结合、全覆盖的应急管理网络，对突发事件有超前的预测，对危险源头有严密的掌控。在经济发展中，城市扩张越来越快，但随之而来出现的问题也越来越多，城市的安全隐患还存在很多问题，公共设施的安全保障机制也越来越弱化，给使用者带来了很多安全隐患。在以人为主的公共设施设计中，应该为人们使用公共设施提供安全的环境。同时，公共设施在使用的过程中，也应保障人们的安全。公共设施在安全方面，分三部分进行讨论，分别为政府规定、无障碍设施的安全性、公共设施本身的安全性。

1. 政府安全机制

公共设施的使用是一个整体性规范，只有建立长期有效的政府安全机制才可以规范城市公共设施中的公众行为，或者在发生自然灾害时有能力采取补救措施。因此，在以政府为主的单位设计当中，政府应该建立安全的信息系统，再建立公共场所的服务设施数据信息系统的交换，可以及时方便地为各个层次的人提供交流信息，为企业、为市民提供一些基本的信息咨询和服务。公共服务设施在安全方面涉及的范围较广，因此需要建立一个高效的管理服务部门，统一进行分配和统筹，在发生紧急状况时，可以统一进行调配。

2. 无障碍设施安全性

无障碍设施设计是组成公共设施的一部分，同时，也是体现人文化的重要因素。无障碍设施是否完善、其安全性能否得到保障是体现一个城市人文化的一项重要指标，也在间接反映一个城市的人文化是否能够"以人为本"。因此，在设计公共设施时，除了专有的设计外，在其他的公共设施内也应该依托特殊人群进行设计，在了解其需求的基础上解决在生活中遇到的问题。

无障碍设施系统是指专门为特殊人群设计的设施，这些设施分布在城市公共空间的各个区域内，如图3-13所示，为特殊的人群提供方便。无障碍公共设施设计在广场、人行道、电梯内等都可以发现其踪影，如公共交通的无障碍设计在宽度方面是有要求的，宽度不宜小于120cm，在电梯里面，都会设置较低的按钮来供坐轮椅人使用，在过道的时候扶手的高度应该在90cm处。另外，在设计转角的时候应该以圆弧为主，这样很好地方便了特殊人群的出行。在一些尖锐的地方或者上坡下坡的地方，都会有特殊的处理来方便人们的使用。

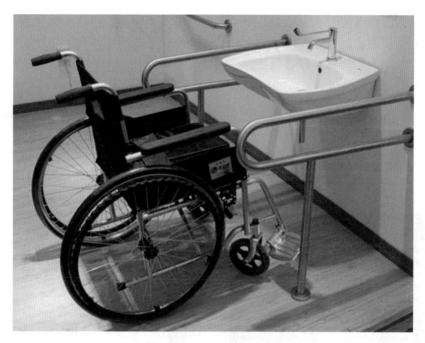

图3-13　无障碍设计

3. 公共设施本身的安全性

在产品本身的设计安全上，我们首先要明确的是安全性是公共设施的一部分，如果产品本身的安全性得不到保障的话，那么公共设施也就没有存在的必要了。公共设施的安全性应该从两方面来理解。首先，城市公共设施的使用本身是安全的，不会给使用者带来伤害。另外，城市公共设施可以为使用者提供一定的安全保障措施。我们可以通过以下几个事例进行探。

1）井盖设施

由于目前城市的快速扩张，城市现代化加快，人口增多，很多排水系统、维修等都需要走地下通道，因此，井盖的数量也呈上升趋势。井盖的安全问题直接威胁到人们的人身安全，尤其是对于盲人来说，更为重要。目前市场上存在的问题是井盖没有一个统一的标准来执行，区域的不同、承办单位的不同，在材质的选择上都有很大的差异性，而且，还存在年久失修、损坏、松动等不安定因素的，这些无疑是马路上的杀手。因此，公共设施的安全统一无疑成为重中之重。如图3-14所示，在设计井盖时，应该与周边的公共设施相呼应，另外，在规格、尺寸、材质方面一定要做统一的标准。目前，市场上主要有两种造型的井盖，一种为圆形，另外一种为方形，在材料的使用上，一般采取的是铸铁材料来进行统一的制作。可以在井盖上面根据周边环境的不同、文化品位的不同，制作不同的井盖的图案，与周边的公共设施相呼应，但有一个前提是，井盖必须能引起人们的注意，表现不能太弱化。

2）公交站牌的设计

公交站牌在城市公共设施中无处不在，是城市公共环境中重要的组成部分。公交站牌有导向指引的作用，而好的公交站牌的设计应该是给人安全的、舒适的状态。对一些小的站台方面来说，公交站牌是由一块铁质的牌子挂在铁柱上，在长时间使用下，铁质品容易生锈，而且由于自然因素和人为因素的影响，铁质品很容易发生弯曲，在这种情况下，弯曲的部分就会很容易划伤使用者。另外，还会出现松动的迹象，这些因素都在潜在地威胁着用户使用时的安全。因此，我们在设计时，应该充分考虑其稳固性，如图3-15所示，在造型上四个角的设计应该由原来的直角边改为圆润型的造型，这样就可以很好地降低风险了。

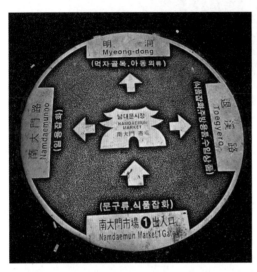

图3-14　井盖设计

图3-15　公交站牌设计

3）管理亭

城市的快速扩张，必然导致出现大量的管理功能的亭子，这些亭子同时也组成城市景观的一部分。不同职能的亭子会给人带来不同的安全感，在造型上，亭子的造型应该和其基本的功能相结合，同时，也应该具备与周边的环境相融合的特点。作为具有一部分管理功能的亭子，应该与公众的使用需求相统一。在亭子的规模大小上，也有一定的要求，其大小与人的容量成正比，一般为2m～3m。另外，不同功能的亭子应该依靠造型的设计、颜色的不同区分开来，在视觉方面，给人以明确的划分。

3.6.2　城市公共设施与人的安全性讨论

在设计城市公共设施时，如果缺少安全性的考虑，是很容易造成使用者的安全问题，同时也影响了其他功能的正常实现。例如，我们经常会观察到人们会撞到没有任何安全提示或者是缺乏装饰的玻璃门上，这样很容易造成使用者的安全问题。再如，以马路中间的护栏设计来说，护栏应该有一定高度的标准的说明，没有达到一定高度的护栏很容易有人违规进行穿越，这样会造成马路上的各种安全隐患。城市公共设施的安全性在与人的关系当中，所包括的内容非常多，一般来说，在设计的时候可以依靠颜色、材质、造型、大小、使用者的心理来进行安全的引导和避免不安全的因素的出现。决定公共设施安全性因素有很多，而怎样确定公共设施的大小最容易出现错误。因此，在设计公共设施时，要特别注意这一点。

另外，对于公共设施，使用者的安全性功能的体验除了依靠公共设施本身以外，也应该加强使用者自身防范知识的认知，增加自己关于公共设施的认知，努力提高自己应急管理知识和应急自救、互救能力。在设计师方面，也应多学习专业的安全知识，对人体的各种生理尺寸要有所了解，在其他方面也应该有所涉猎，这样在设计公共设施时，才会在安全方面更有保障。

作为城市的管理者以及规划者，城市公共设施的功能越来越多，产品更新也越来越快，功能的设施种类也在不断增加，因此，需要对这些公共设施进行较为系统的设计与管理。在区域规划的初始阶段，就应该考虑好不同区域的管理职能和分配职能，只有在前期规划好的基础上，才可以更好地管理城市公共设施，这样安全性也得到了一定的保障。这样才能在此基础上为使用者提供其他的功能设施，满足人们的各种要求，从而体现城市的人文精神。

3.7　人文化中的"公共性"功能体验

在马林诺夫斯基文化观中，认为"功能"和"需要"是文化当中的核心观念。他认为在不同的文化环境下，一件物品是完全可以拥有不同功能的。

3.7 PPT讲解

设计师在设计一个产品时，首先要考虑的就应该是其功能如何实现，形式服从于功能，其次才是各个产品的影响因素。在现代主义中，关注的本身应该是对"人"的思考。我们应该通过新的设计，发挥其内在的功能，使更多的人可以体验其功能性。以现代建筑为例，赖特在1973年设计的流水别墅就是通过人的功能体验来设计主题的。流水别墅建于瀑布之上，通过计算将突出的镂空部分镶嵌在山石中，通过对各个空间的处理，使各个区域成为流动的整体，和流水相呼应，有机的建筑空间充满着流线型的动态空间，去除了现代水泥钢筋的枯燥乏味，反而从功能需求出发，运用与自然的互动关系，成为最好的体验功能的建筑物。

在公共性能中，公共设施最基本的公共性是设施本身所拥有的公共性，它是社会活动的一个载体，是为大众所拥有和使用的，功能大于形式。苏格拉底这样说过功能之美：任何一件东西如果它能很好地实现它在功能方面的目的，它就同时是善的和美的，否则它同时是恶的和丑的。从这里我们可以看出，一件产品最基本的功能就应该是其使用的目的，是大众的一个最基本的公共性的体验。在公共设施中，基本的公共性的功能有共同的使用功能以及视觉的体验功能，如图3-16所示，公共垃圾桶最基本的功能是回收垃圾，其视觉功能就是通过标识的提示，区分不同的回收区域进行分类回收，这样既方便他人在回收利用时免于再一次的分类，也方便了公共使用者在处理垃圾时的尴尬。再如，地铁的出入口的设计，在造型的处理上既要和其他地铁口的设计相呼应，实现最基本的地铁口的承载的公共性，还应在设计视觉上有共同性，使使用者可以在视觉上最大地识别其特点。

公共设施除了最基本的公共性外，还有装饰的附加功能以及情感功能的公共功能的体验，任何公共设施的设计放在公共空间中时，本身就承载着装饰的作用。如在上述例子中提到的垃圾桶的放置，本身就是起到了装饰环境的功能，再如公共的艺术雕像，一般是放置在开放式的花园或者人文景观当中，也是起到了美化城市的装饰作用。在现代以人为本、绿色设计的大的主题当中，任何公共设施的设计都会间接地影响一个城市的风貌的体验。从小的指示牌的设计到公共座椅的设计，再到大的出行交通工具的使用设计上，无不体现一个城市的精神风貌以及文化底蕴，在整体上也起到了对一个城市的装饰作用。像前面所阐述的一样，公共设施是组成城市风貌的一个重要的体现因素之一，如果公共设施在感受上可以给人带来归属感以及文化区域的认同感以及整体形象的统一感，那就是相对于使用者的一个"公共性"的功能体验，给人带来愉悦的精神感受和文化氛围。

图3-16　分类垃圾桶

　本章小结

　　城市公共设施的根本目的在于服务市民生活，使用的便利性即易用性成为公共设施首先要解决的问题。公共设施的便利性直接决定了其使用频率和存在意义，交互设计理念介入城市公共设施设计的目的是满足公众的使用需求并建立信息的双向传导，市民使用的便利性是其基本需求。

　　本章首先针对人文化的概念进行研究和探讨，从广义和狭义的角度对人文化的概念进行深入分析，引用多位理论研究者的解释说明来阐述人文化的概念。接下来，又通过对人的生理和心理方面进行研究和分析，了解人的生理上各个器官对于人体的影响以及人在不同的状态下，身体尺寸发生的不一样的变化，这需要我们进行深入的研究和学习，通过了解人体尺寸的不同要求，来更好地进行产品的设计，满足人不同的使用需求。另外，又通过对人的心理的研究来进行细致的说明，了解人的视觉、颜色、造型等各种因素对于设计的影响。接着从使用者体验的基础上分析目前人的心理状态，从使用者的心理状态来分析平衡车的安全状态和亲子座椅存在安全隐患；从"公共性"功能体验中查找出使用者的使用体验以及心理状态的不同。从视觉形象与视觉体验中得出视觉对于产品设计的意义有哪些。从人的心理情感角度来分析用户使用过程中的心理活动状态。通过以上各个不同的心理分析，充分了解用户使用心理感受，以及阻碍用户使用的心理门槛因素。

以上从人文化的各个阶段和包含因素（即人的因素、文化的因素）来进行行为方面的研究，包括多个层次的因素和方面，包含了使用者的行为方面、用户的心理层面，对人文化的研究分析是比较全面和立体的，为下一阶段公共设施与人文化的关联提供了比较客观的人体参数，也为其他学者的研究提供了参考、借鉴的依据，同时又具有可行性。

1. 简述如何把握人性化设计原则。
2. 简述公共设施与人的相互作用。

实训课题：无障碍设施设计。
（1）内容：为残疾人士设计无障碍设施。
（2）要求：画出设计图，做一个模拟实验。

第4章

公共设施的设计语言

学习要点及目标

1. 掌握公共设施设计的基本要素。
2. 掌握材料及造型语言等对公共设施设计产生的影响。
3. 熟悉在公共设施设计中造型、材料等与空间环境的关系。

本章导读

　　根据国内外调研结果可知，城市中公共设施除了执行必备的基本使用功能外，还应当恰如其分地反映城市历史文化风貌，让人们从视觉上首先体会到比一般公共设施所呈现的更加丰富、深刻的文化印记，继而在使用过程中进一步深入体会城市历史文化魅力。同样，城市公共设施的设计，是基于社会需求、公众需求，以及达到公共设施的功能性、耐久性、舒适性，再根据人群、场所的需求融入区域历史、文化等人文风貌。由于各个城市地域历史环境特色不尽相同，因此相应的公共设施设计也需要遵从不同区域的文化环境和要素。

　　随着社会发展进程加速，人们的生活质量不断提高，精神需求不断提升，对于历史文化风貌区中公共设施所体现的职能要求也不断提高，诸如文化共鸣、地域认同感等，但历史文化风貌区公共设施设计最基本的要素仍然包括造型、色彩、文化和材料。如图4-1所示为德国汉堡Planten un Blomen入口景观。

图4-1　德国汉堡Planten un Blomen入口景观

4.1　影响城市公共设施的因素

　　影响城市公共设施的因素大致分为外在因素和城市公共设施本身。从下面列出的几个因素可以细致地研究公共设施设计的影响因素。

4.1　PPT讲解

4.1.1　技术平台的支撑

在公共设施不断发展、不断完善的过程中，技术的进步必然是支持设计不断改良的大前提。在工业时期，人们劳动的再分配形式，决定了在工业生产时期机器大规模的生产设计必然是批量化、规范化的。在工业生产时期，技术的应用必然会使生产效率大大增加。到了现代，由于网络技术的使用，计算机也越来越进入生活的使用范围，数字化的信息时代来临。人们普遍使用手机、电脑、车载导航等数字化产品，说明数字化信息已经悄然地进入人们的生活。

如今新的应用技术在原有的基础上也得到了更新，5G、物联网等新型的数字平台也随着设计的应用而得到广大用户的使用，在原有的基础上，新的技术变革会随着认知的增多和科研的深入更新速度越来越快，技术的支撑必然会使公共设施的使用发生变化，同时，人们的认知心理、使用方式、公共设施的外观造型也会更随着技术发生很大的变化。

如图4-2所示，材料科学家约翰·罗杰斯（John Rogers）和他的公司开发了一种柔软的电路板——生物邮票（Biostamp），可以依附在皮肤上，而且会随着皮肤的纹理收缩或者适度张开，其采用的形式是一款超薄的电子筛网，可以检测到人体的体温、水分等信息。这种技术的应用领域也比较广泛，首先体表电子设备（epidermal electronics）可以用于研制保健产品，相比目前市场上出现的检测机器来说，可以更加方便和快捷地检测病人的情况，而且得到的数据更加准确。另外，这种技术还可以用来帮助运动员监测体内水分，通过及时补充水分获得最佳成绩。为了防止人体的汗水和其他液体的影响，用户还可以使用药店里的喷雾绷带，使设备更加结实，防水性最长可达到两周。因为新技术的应用，微型画家斯蒂法诺（Stefano）"可以在注射器的顶端和缝纫针的内部作画"，有的艺术家甚至可以进入更加微观的世界作画，被称作是纳米画法，而这种作品只有在显微镜下才可以看见。

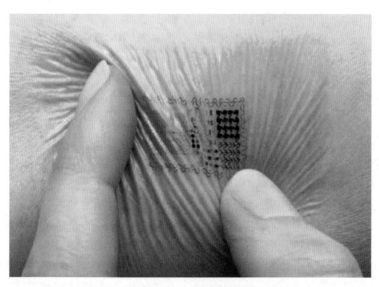

图4-2　生物邮票

目前新出现的"4.0工业革命"，是指工厂的智能化以及3D打印技术的应用。2014年，以上海为龙头的长江三角洲与珠江三角洲共同占据国内3D打印市场的80%。据全球最具权威的3D打印行业研究机构预测，到2016年，全球3D打印产品和服务市场价值将超70亿美元，这将是3D打印技术给世界带来的新的经济改革的机遇与新的角色的翻转。在2014年上海举办的世界最高规格3D打印展会高峰论坛讨论会上，与会者一致认为，3D打印技术的应用领域是非常广泛的，如用在贵金属、航天事业、医疗上的研究。在技术前景展望方面，阿克拉姆（Acram）全球销售总监安德斯（Anders Thelander）基于多年的经验，对循证医学（EBM）技术进行了深入解析，并对3D打印技术在航空航天以及医疗领域的应用前景进行了展望。如图4-3所示，目前生活中比较常见的应用案例就是传感技术的开发与应用。传感器是一种可以将各种被测物理量转换成方便处理的装置或器件，传感器的发展方向分别有新型材料的不断开发、集成化以及功能化的增加、智能化和多样化的增加。

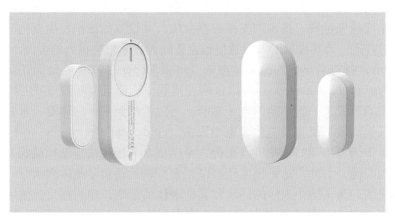

图4-3　传感器

从我国目前技术发展的情况来说，要想在信息处理技术以及计算机技术上取得进展，以及作为信息采集的前端单元，都需要充分了解传感器技术的开发。目前，传感器已在自动化系统中占有重要的地位，是其中关键的部件。在一些商场中常见的自动感应门就是应用这个技术而产生的。当门体感应到人时，就会自动打开，以防夹伤顾客。另一个比较新的应用是运用在独轮车、平衡车上。平衡车在向前运动的时候，就是依靠传感技术来实现的，通过传感器来感应人体的变化方向，从而控制平衡车的运动方向。例如：当人体向前倾时，平衡车就会向前行驶，并且其速度和人体的倾斜角度成正比，当人体向左或向右倾时，平衡车也会相应地向左或向右转弯，这就实现了依靠人体的运动来控制平衡车的速度和方向，也增加了人—机器—环境之间的交流。传感技术的应用，不仅使得产品变得智能化、人性化，而且更加方便和简洁。在这样的前提下，将技术应用于生活中，不仅提供了便利，而且易于人们与产品之间的情感交流，也为城市的发展起到了装饰和美化的作用。数字时代的来临，使得人们在公共设施设计上，不再要求满足单一的产品的功能需求，而是更多的能够和周边的公共空间产生一个互动的效果，达到人—机—环境之间的和谐相处。

从公共设施设计与人文化之间的关系来说，如果文化是其设计的底蕴、灵魂，那么，科学技术的进步则为其提供了发展的动力和平台。在设计中，由设计师将最新的资讯、技术、政策、材料等各方面的信息进行综合研究，将所设计的产品带入人们的生活中，使产品的使用功能更具合理性，并能够将其普及到人们的使用环境中。

4.1.2　新型材料的出现

新型材料是指区别于传统的已经出现的材料，或者在原有基础上再开发研究的、在性能上比较优越的新品种。材料对于公共设施的影响作用是毋庸置疑的。一种新型材料的出现，会使得公共设施的设计走向不同的领域，而同时，材料也是人们生产生活的物质基础，新型材料的出现，标志着一个新时代的发展，是社会生产力的象征。设计师在设计产品的时候，除了考虑人的需求外，更重要的是要了解和掌握材料的特性以及加工工艺，了解最新出现的新型材料的应用，可以灵活运用到设计中去。材料是一切设计的基础，任何产品都应该通过材料的展现来表达设计，设计师应该正确把握材料的工艺性能，赋予产品以生命力。

在生活中，材料无处不在，纸张、陶瓷、金属、塑料等，新材料的出现也标志着一个时代的来临，如我国东汉时期，蔡伦在利用树皮、布等为原料的基础上，制造出了一种方便的书写材料，取代了过去人们在树皮、竹片上书写，既方便了人们的生活，也出现了利用纸来做艺术创作的设计者，为社会的发展作出了重要的贡献。而20世纪早期出现的塑料、钢筋等新型材料，也为设计师创造了一个更自主的环境来进行思考。设计师可以借助设计来为使用者提供新的服务，而且这些服务更加偏向于其所处的文化环境，使设计者更有时间思考新的形式，尤其对于人们的心理需求以及生理需求做出新的定位和思考。这说明随着人们生活水平越来越高，必然会探索新材料，而正是通过设计师的设计灵感进行再加工，在充分发挥材质的基础上将其转化为具有人文艺术的设计产品。

如图4-4所示，马克纽森的"洛克希德椅"（Lockheed Lounge）是依靠铆钉作为媒介，固定铝制的椅子，造型简单简洁，是一种新的探索。

图4-4　洛克希德椅

另外，设计师在构思一个产品的时候，会考虑到材质本身给大众带来的不同的感受，而且要充分考虑到其使用寿命及周边环境因素给其带来的影响。如图4-5、图4-6所示，南方和北方在公共设施材质的挑选上会出现很大的不同。北方的气候干燥，气候温差变化比较大，因此，在设计公共设施时，材质的选择会偏向于钢化玻璃、铝制品、钢管等；南方的气候温差变化相对来说比较小，且少受风的影响，但是雨季较多，在设计时要注意做好防潮的准备，因此，在设计公共设施时，会偏向于用树木来做设计。

图4-5　不锈钢垃圾桶　　　　　　　　　　图4-6　木质垃圾桶

在工业革命时期，钢铁、玻璃等材料普及，同时，也带动了工业设计的发展。正是这些材料的广泛应用，使得设计产品出现了多样化的风格，而且也扩展了设计的包含词义。对于设计师来说，这无疑是一种新的设计尝试，新材料的出现，不仅扩展了设计的种类，而且开发拓展了设计师的思维活动。根据不同材料的特性特质，往往可以达到意想不到的效果。例如，在工业革命时期出现的钢，为设计师的设计带来了很多灵感。钢制品的优点是材质的强度高、不容易变形，而且耐磨性好；钢制品的缺点为容易生锈，而且体积较重，不应放在潮湿的地方。因此，为了解决这些缺点，可以采用电镀、喷涂、发黑发蓝等措施。在家具当中的应用多为管状、线角状等形式，如图4-7所示，是著名的"巴塞罗那椅"（Barcelona Chair），造型简洁优美，而且功能性较强，由交叉不锈钢支架和皮垫组成。巴塞罗那椅是由德国设计师密斯·凡·德罗（Mies van der Rohe）为迎接世界博览会为西班牙国王和王后设计的，密斯·凡·德罗提出了"少即是多"（Less is more）的建筑原则，并且开创了玻璃幕墙钢筋结构建筑时代，是现代主义的奠基者。

在20世纪50年代，随着科技的发展，出现了半导体芯片、半导体器件和集成电路器件，这些器件都是在以锗、硅单晶材料的基础上出现的，对于社会生产力的提高起到了不可估量的作用。纳米材料的出现，使得应用性的研究出现了新格局，因其具有不同于常规材料的新型特性，对传统的产品设计起到了重要的影响。纳米技术研究和纳米材料的采用必将影响人们生活方式的改变。

图4-7　巴塞罗那椅

　　公共设施设计中常见的材料有石材、木材、金属以及各种复合材料，材料在设计师的设计当中可以与用户产生交流。不同的材料的感官、触觉体验都不同，所折射出来的信息、感受也是不一样的。在现代来说，随着科技因素的参与，新型材料的运用为公共设施的设计实施提供了多方面的支持。如在交互设计当中，会经常运用到的媒介材料传感器装置和触摸屏，而在触摸屏的运用上又会加上触点技术，来使使用者得到和了解自己所需要的东西。

　　对于生产者而言，新型材料的运用也决定了谁在市场上更有主动权。新型材料的出现不仅推动了公共设施设计的不断发展，而且也间接地推动了市场的竞争力。好的设计会增加产品的附加值，对于同一种产品，通过设计师对造型、材质、功能的把握，可以更好地诠释一种产品。英国伦敦设计师沙梅萨登（Shames Aden）通过对用户脚大小的测量设计了一款概念跑步鞋，如图4-8所示，跑步鞋的材料采用的是原细胞，原细胞可以自己改变形状，会具有一定的反弹能力以及可以将脚施加给鞋子的力进行调整。跑步结束后，材料里的材质细胞将会失去能量，用户只需将其放在一个装有原细胞液的瓶子内即可，这些液体可以维持这些生命组织的健康。原细胞是一些非常基本的有机物分子，本身并没有生命，但是可以通过构建、复制和容纳DNA组合创造出有生命的组织。除了可以调整材料的结构组合外，更有趣的是，使用者可以根据自己的喜好，使跑步鞋变成自己喜欢的颜色。从这样的出发点出发，使用者不仅能够得到情趣化的情感体验，而且可以成为一种新的趣味点。

　　如图4-9所示，一些新型材料的使用之所以能够快速取代传统材料而成为主要的设计材料，就在于这些材料符合现在的环保理念，既能节约成本，又保护环境，可以实现二次回收利用。而新的材料的运用又可以增加设计产品的外观感受，给人们的视觉审美增加亮点，设计产品更有人文品位的享受。

图4-8　原细胞跑鞋

图4-9　生态灯

4.1.3　人的行为方式的转变

人的行为方式会随着社会的变化而变化，如受到文化、科技、新型材料等因素的影响，都会改变人们的行为方式以及生活方式。在公共设施的使用过程中，人的行为方式的转变会影响到公共设施的设计方向和使用方式。人的行为方式的转变会受到人的社会心理因素、科学技术因素以及外在环境因素的影响。

1. 社会心理因素

人的社会心理因素包括以下几方面。

1）人的知觉行为

人的知觉行为是由人的思想所决定的，当人在进行生产、生活的时候，由人脑发出指令。在人的社会知觉当中，大脑通过判断他人的行为方式来判断他人的动机以及心理活动，但是也不乏受人与人之间的感情因素的影响。另外，在进行自我认知的时候，同时也是对自我行为的一个认知，通过对自己心理意图、目的等心态的了解，客观地认识自己行为方式的转变。

2）人的价值观

人的价值观是影响人的行为因素的重要因素，价值观的塑造，决定了人对人、人对物的看法和喜爱程度，会侧面影响人的行为方式的转变。

3）人的角色的转换

社会角色的扮演同样也会影响到人的行为方式的转变。每一个角色都拥有自己的行为规范，角色在实现过程中，其实也是人的行为在发生的过程。

2. 科学技术因素

科学技术的不断发展也是影响人的行为方式转变的一个重要因素。如图4-10所示，在没有出现感应技术的时候，人们对于电器的控制更多的是依靠线路开关，随着科学技术的不断发展，感应技术也越来越成熟，人们在控制家用电器的时候，完全可以通过在手机上安装APP来控制，如窗帘打开或者关闭、电视的开关等，是一种智能化的管理。在这种前提下，人的行为方式也在不断地改变。

图4-10 伸缩照明夹书灯

3. 外在的环境因素

外在的环境因素也是影响行为方式的重要条件。如在古代,中国是礼仪之邦,政治祭祀活动比较多,而且多信奉鬼神。在宋代,礼仪与封建伦理相结合,成为引导人的行为方式的主要参考标准。人们为了表达敬畏、祭祀,一些行为方式也逐步固定下来。再如,在宋代,受到佛教的影响,人们的生活方式也逐渐由坐椅子取代了以前的席地而坐,也开始出现为了适应坐的行为习惯而设计的高型家具。至两宋时期,逐步改变了汉以前跪坐的习惯及有关家具的形制。在宋代,是人们生活方式、行为习惯逐渐定型的时期,也为家具设计发展演变奠定了基础,为以后的家居摆设的设计布局提供了借鉴。

4.2 公共设施的设计中常用的材料及工艺

公共设施为环境保护作出了不可忽略的贡献,在规划设计建设中,公共设施要考虑人口、地域、规划与发展、地质条件等因素,同时应考虑环保因素。随着工业的高度发展,人类赖以生存的环境也日益恶化,强调环保是当今世界的一个主题,作为设计师,在产品设计过程中应对材料运用进行控制,对环境不利的不可回收性材料、有毒材料等要杜绝使用。

4.2 PPT讲解

4.2.1 公共设施设计常用材料的分类

人类对自然资源的过量开采导致地表的严重破坏,木材的供不应求导致森林面积不断减少,在考虑材料运用的过程中,要尽量少地直接使用一些自然资源,如木材,而应多考虑一些高科技合成材料,这样既有利于规模化生产,又避免环境遭到人为破坏。公共设施设计的制作中,材料的选择及应用是极为重要的一环,需要考虑诸多因素,例如,公共空间环境的温度、湿度、是否接触阳光、是否通风，空间的高度、大小、亮度，壁画所在墙面的位置、结构以及与观者的角度、距离、方向，同时还要顾及公共设施设计的风格、内容、题材、预算等，是一项极为复杂的工程。但总体上我们从国内外的案例总结分析，较为广泛使用的有以下几类材质，不同的材质在造型语言上又有各自的特点。

1. 石材

石材是一种较为常见的材料，它们有天然与人工之分，颜色丰富，质感多样，而且在防风化性、耐酸碱性、强度、耐磨度等方面都有突出的表现，因此很多设计师愿意选择石材这种材料。常用的石材主要有花色各异的花岗岩、大理石、砂岩等，人造石材由于其便于加工、价格便宜、对人辐射小、修补方便等特点也经常为人所用。石材的造型语言以雕刻为主、拼接为辅，根据设计的需要灵活掌握，风格多样，但总体而言，厚重、朴拙、敦实、庄重是石材擅长体现的艺术特点，表现历史题材能够恰如其分地呈现出厚重的积淀。如图4-11、图4-12所示，为中国传统石狮，是传统文化中常见的辟邪物品，以石雕的形式将石狮的沉稳刻画得淋漓尽致，浮雕、线刻等多种艺术语言共存，拼接出了一幅场面壮阔、大气磅礴的景象，也为石材公共设施设计做了极大的延展。

图4-11　中国传统石狮（1）

图4-12　中国传统石狮（2）

2. 金属材料

金属材料严格来讲是一种泛称，它包括很多具体的金属，常见的如铜、铁、铝、不锈钢、金、银等，不同的金属有不同的物理和化学特性、颜色、硬度、光泽、熔点等，以至于其加工工艺也有区别，会产生多种视觉效果，设计师可以根据其特点结合自己的设计创造出无限的可能。

从造型语言上来看，锻造、蚀刻、铸造、切割、彩绘、喷漆等都为金属材料的运用提供了不同程度的实施空间，也展现出了多样的艺术面貌，如不锈钢的冷峻工业感、青铜的历史厚重感、金银的光华富丽感，多彩多姿。如图4-13所示，利用金属雕刻的表现语言，将喷泉小景、花卉植物与人物进行了加工设计，更糅入了传统的剪纸手法、天圆地方的哲学思想，古铜色的暖色调将气氛营造得古色古香，金属材料的质感运用得恰到好处。

图4-13　金属雕塑及喷泉景观

3. 陶瓷

陶瓷对于中国人来讲可以说是再熟悉不过的一种材质了，其历史之久、应用之广、种类之多可谓首屈一指。陶瓷这种泥与火的结合而幻化出来的物质，拥有极高的稳定性、耐腐蚀性，再加上本身有极强的可塑性，十分受设计师的钟爱，也是公共设施设计制作中极为适合的一种材质，因此在公共设施设计中有着较长的历史和非常成熟完整的工艺。陶瓷艺术历久而弥新，造型语言丰富、平面或立体、单色或彩色、亚光或亮光等，变化无穷。陶瓷浮雕、高温彩釉等都是常见的造型手法。如图4-14所示，为锦州市马赛克公园。锦州市位于中国辽宁省西南部，距离北京不到500km，是一座有着300万人口和1000多年建城史的历史名城，也是一座著名的军事、科技、商贸重镇和优秀的旅游城市。锦州市政府填海176公顷，为了举办2013年锦州世界园艺博览会而建立起一个大型的公共公园，这里未来也将是新城的中央公园，20个国际设计师被委托来这里设计各种设施。卡萨诺瓦·埃尔南德斯建筑师事务所（Casanova·Hernandez Architects）被委托设计陶瓷博物馆与马赛克公园，这也是锦州世界园艺博览会企划中的一部分。

图4-14　锦州市马赛克公园

4. 玻璃

随着技术的提高，玻璃已远远不是我们印象中轻薄、易碎、平面、单一的形象，其硬度、颜色、透明度、形状不断完善，使玻璃的运用领域更加广阔。与众不同的质地也为壁画的创作设计提供了更多的选择，而且往往可以一改人们固有的思维，留下过目不忘的视觉形象。在玻璃上进一步加工会产生更丰富独特的艺术面貌，例如玻璃雕刻、彩绘就是较为常见的一种表现手法。如图4-15所示，莫斯科5号线新村站便将玻璃与金属结合，将颜色丰富的玻璃周围用沉稳的金属搭配，显得玻璃不过于浮躁，并能突出莫斯科地铁站的一贯辉煌风格，彩色玻璃本就让人感觉热情奔放，这也像莫斯科人民的生活方式，光透过玻璃，使沉闷的空间更加明亮，可以适当减少地铁站内的灯光经费。

图4-15　莫斯科5号线新村站

5. 塑料

塑料具有优良的物理、化学和机械性能，质轻而无色透明，可以任意着色，强度高，常温及低温均无脆性。塑料的比重约是钢的八分之一到四分之一，约是铜的九分之一到五分之一，约是铅的三分之一到三分之二，这对于运输和组装很有意义，构件化适合批量生产。现在材料界研究出一种塑料的热固性树脂，树脂复合材料自身有一定的优越性，如成型快捷、面貌多样、价格便宜等，并且树脂可以释放出银离子杀死附着于材料表面的细菌和病菌，该材料抗菌成分均匀一致分布并被锁定于树脂结构中，对人体无害，非常适合于公共环境设施和儿童游乐设施，如图4-16所示。

图4-16　儿童游乐设施

6. 综合材料

如今人们的审美趋于多元化，同时设计也朝着多元化的方向发展，在材料的使用上反映在包容性和合作性上。综合材料意指将多种材料并置在同一作品之中。前提自然是根据设计创作的需要，色泽、肌理、质感之间的对比和协调往往可以产生特殊的艺术效果。如图4-17所示，设计师利用先进的纤维热压胶合技术制成的"高性能竹基纤维复合材料"，简称为"竹钢"，在上海静安寺下沉广场搭建了一个极具中国山水意象的装置艺术，一系列公共活动事件随之在这"山水盆景"中陆续展开，这里既是实验场，也是剧场、展场、市场、游乐场，它激发着城市活力和创造力，并以建筑的方式展现出开放的城市精神。

7. 混凝土

混凝土是由沙子、碎石子为骨料与水泥和水混合搅拌而成的一种现代建筑材料。20世纪初钢筋混凝土的出现，给建筑界带来了一场变革，柯布西埃（Corbusier）利用混凝土未干时的可塑性，把它作为一种功能之外的审美表现形式来运用，产生了自然粗犷之美，派生出粗野主义的装饰风格。但混凝土必须同其他材料结合使用，才能设计出很好的公共设施，利用混凝土的可塑性，制作出不同纹理的模板可做出不同效果的设施。现代科学技术的进步，使传统材料的研究利用得到进一步的提升和发展，能感知环境条件、做出相应反应的智能混凝土就是一个良好的例子，如图4-18所示，其特点是高强度、高性能、多功能和智能化，这种智能化表现为自感知和记忆、自适应、自修复特性，以此来提高混凝土的安全性、耐久性，确保大型公共设施的安全性。

图4-17 上海静安寺下沉广场

图4-18 纹理混凝土隧道

8. 木材

木材是历史最悠久的天然材料之一，具有亲切、自然、肌理细腻、纯朴之感，性温易成型，具有良好的弹缩性，湿胀干缩，但易于变形。现代科学技术使木材逐渐扩大到木质材料的范畴，包括实体木材、胶合板、纤维板、刨花板、单板层积材、石膏刨花板、复合材料等。木材是可以多次重复循环使用的再生材料，最常用于与人接触密切之处，如座椅、拉手扶手、儿童设施等。木材及饰面板的种类繁多，色彩多样，还可根据不同需要染色处理，公共户外设施所用木材要做防腐、防潮、阻燃处理。如图4-19所示，为满足观景需求，建筑采用了镂空的木质材料，同时满足了生态低碳的要求。

图4-19　斯里兰卡观景房

4.2.2　新材料、新工艺在公共设施中的应用特征

1. 主题性

通过材料表现艺术，让材料的应用和作品的形式结合起来，使材料本身的艺术价值能与主题更好地协调在一起，突出作品的主旨，让作品意境更加鲜明，作为城市文化窗的地铁装饰壁画尤其需要注重这一点。

2. 时代性

生活让人们对过去、现在与未来产生了意识，时代决定了生活的轨道，在一个共同的时代下，我们的大认知是一致的，时代的不同我们的意识也会产生变化。时代决定了我们对于事物产生的概念，我们对材料的认知是一致的，而要深层次掌握材料的特性，便要先掌握时代的规律，所以我们要掌握时代性，并推动其发展。

3. 社会性

每个人都是独特的个体，可是大多数人具有共同的审美观，因为有共同的审美观人们才达到了一种共识。被大众认可的材料才是公共艺术所选择的趋向，设计者可以从大众审美出发，选择合适的材料。

4. 整体性

材料作为公共设施设计的表现形式之一，应与空间环境和人本身紧密联系，让材料和空间环境保持整体性，突出其周围的环境特色，更好地将材料与形式结合在一起。

拓展阅读

如今公共设施材料上的选择越来越多，但是根据这些材料，我们应该找出最适用于公共环境的材料进行设计，如空旷、黑暗的地方，选择陶瓷、石材、玻璃材质最合适不过，同

时也应考虑预算，国内一些公共设施由于工艺不够发达、管理不够完善，一些设施已有了开裂、脱落等现象，我们应该吸取教训，考虑后期修复问题。

4.3 公共设施造型语言设计

造型即创造形体，是指创造出的物体形象，在公共设施构成因素——形体、色彩、材料、文化内容中占据首要地位。公共设施不是一个单一的物体，优秀的公共艺术讲究与周围空间环境的结合，因此公共设施也取决于周遭环境的规划与现状，在设计公共设施之初，往往要考虑环境的现实因素，再根据这些已存在的因素设计出适用的设施。根据国内外一些案例，在造型语言上公共设施设计可分为写实具象、意象、几何抽象三大类进行研究。

4.3 PPT讲解

1. 写实具象

实际的图像被塑造成一个非常相似的艺术形象，在艺术家脑中活跃的这种基本形象被称为写实具象。如图4-20所示，利用自行车的形态将装置艺术表现出来。具象造型手法要求我们以客观现实为基础，以写实手法描绘现实中的典型情节、故事，这就是具象公共艺术所追求的视觉的客观性和真实性。写实风格的设计可以表达事物的精神，而易于理解的绘画语言减少了观众的距离感，它的风格相对沉重，往往与宏伟的主题或重要的纪念主题相关联。写实具象艺术从原始时代开始就存在于人类活动中，原始人习惯将一些标识刻画在器皿、洞穴之中，对事物进行记录与传递。具象艺术的公共设计，一般适合于表现历史人物或真实的重大事件，如图4-21所示。写实具象造型是现实主义风格的主要艺术手法，容易被大众接受和欣赏。

图4-20　自行车装置艺术

图4-21　写实雕塑

2. 意象

意象造型是客观实在与艺术家的主观思想相结合的产物，中国画作为东方绘画的代表就是以意象造型取胜，中国绘画讲究"妙在似与不似之间，求得惟妙惟肖"，讲的就是"以意造型"，正是这种思想与笔墨的交汇，才使"立象以尽意"的思想具有现实意义。敦煌壁画是中国早期意象造型绘画的代表，它的人物造型在现实的基础上注入了强烈的主体意识，丰满圆润的姿态给人慈悲的感觉，敦煌壁画将早期中国绘画的艺术风格表现得淋漓尽致。如图4-22所示，北京地铁6号线车公庄站的公共壁画以意象手法将国粹表现得栩栩如生。如今许多公共艺术也运用了意象手法，神似形不似的造型成为现代社会公共设施设计的主流。

图4-22　北京地铁6号线车公庄站壁画《彩韵国粹》

3. 几何抽象

几何抽象造型是将具体事物进行概括、提炼，以简单的造型进行表现，用点、线、面的形式进行表达的造型手法。抽象造型看似简单却蕴含了深刻的内涵，所象征的含义也隐晦地表达在画面之中，其中的情感需要人们细细去体会。抽象派分为热抽象和冷抽象，冷抽象是指用几何形状构成的艺术作品，热抽象是指用色彩或者线条变化创作出的艺术作品。抽象艺术的元素没有限制性，它可以是感性的表达，把情感汇聚在画面之中，也可以是理性的表达，以普通的几何形为主要造型元素，看似普通却极具形式感，以直线、波浪线为主的画面可严肃亦可活泼，这便是抽象艺术的审美特征。如图4-23所示，通透斑斓的视觉效果映衬出展览空间的明亮，让人对艺术品产生无限遐想，对生活产生激情。抽象公共设计现如今越来越受到大众的喜爱，它的造型独特新颖，更强调设计师的想法，其中含义耐人寻味，可以给大众留下较为深刻的印象，独具现代感。

图4-23　抽象艺术设计

4.4 公共设施的色彩设计

色相、明度、纯度称为色彩的三要素。色相是指色彩的相貌，确切地说是依波长来划分的色光的相貌，如红、橙、黄、绿、青、蓝、紫七种标准色，各有各的相貌；明度是指色彩的深浅或明暗程度；纯度，即色彩的鲜艳和饱和程度。纯度描述色相纯净的程度，纯度越高，色相表现越明显，色彩越鲜艳、强烈、活跃、刺激；纯度越低，色相表现越模糊，色彩越浑浊、稳重、平淡、柔和。

4.4 PPT讲解

4.4.1 色彩的感觉效果

人们在观察色彩时，能产生各种各样的感情。这种感情随着观察者自身条件的不同，所感知的色彩感情也会有不同程度的差别。但是人的生理构造和对客观事物的反应存在许多共同点，对色彩的感受和联想就表现出许多共性。

1. 冷暖感

色彩的冷暖感主要由色相决定，与色彩对视觉的作用所引起对某些事物的联想有关。如图4-24、图4-25所示，对于色彩的明度和纯度，一般来说，明度高的有冷感，明度低的有暖感；纯度高的有暖感，纯度低的有冷感。

图4-24　暖色公共设施

图4-25　冷色公共设施

2. 轻重感

物体由于其表面色彩的不同，看上去会使人感到轻重有别。在生活中，空气、棉花、雪花、纱巾等的色彩感觉轻，钢铁、岩石、泥土等的色彩感觉重，因此，感觉轻的色彩有白色、浅蓝、浅黄、淡绿等，其中以白色为最轻；感觉重的色彩有黑色、棕色、深红、土黄等，其中以黑色为最重。一般来说，色彩的轻重以明度影响最大。明度高的浅色和冷色，感觉轻；明度低的深暗色和暖色，感觉重。色彩的轻重感与纯度的关系为：纯度高的暖色系为重感色，纯度低的冷色系为轻感色。如图4-26和图4-27所示为不同色相的色彩轻重感的顺序。

3. 软硬感

色彩的软硬感同明度、纯度有直接关系，色相几乎不影响软硬感。一般明度高的色彩有软感，明度低的色彩有硬感；高纯度与低纯度的色彩感觉硬，而中等纯度的色彩感觉软。如图4-28和图4-29所示，双色配置时，两色的明度或纯度对比不强烈时，则感到柔软；两色明度或纯度对比强烈时，则感到坚硬。

图4-26　轻色

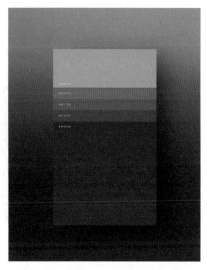

图4-27　重色

图4-28　柔软色

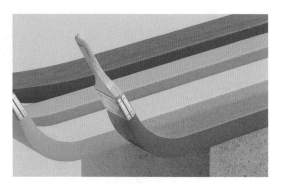

图4-29　坚硬色

4. 进退感

色彩的进退感与色彩的色相、明度和纯度都有关。色彩的远近感可归纳为：暖的近，冷的远；明的近，暗的远；纯的近，灰的远；鲜明的近，模糊的远；对比强烈的近，对比微弱的远。如图4-30所示为巴拿马科隆雨水花园，橙色的水域和地面在同一位置，但是由于橙色鲜明，水域在视觉感上更为凸显。

图4-30　巴拿马科隆雨水花园

5.胀缩感

色彩的胀缩感主要与色相、明度有关，一般来说，明度高的暖色，看起来比较大，也比较靠近，叫膨胀色或前进色；明度低的冷色，看起来比较小，也比较退后，叫收缩色或后退色。在无彩色系中，白色有膨胀性，黑色有收缩性。如图4-31所示，法国国旗是由红、白、蓝三色组成的，视觉效果上三色块面积相等，但实际上法国国旗中红、白、蓝的面积是不相等的，比例关系为红：白：蓝=30：33：37。

图4-31　法国国旗

6. 华丽质朴感

色彩的华丽质朴感主要与纯度、明度和配色对比有关。鲜艳而明亮的色彩呈华丽感，浑浊而深暗的色彩呈质朴感；配色对比大的有华丽感，对比小的有质朴感，其中，以补色对比最具华丽感，如图4-32所示；有彩色有华丽感，无彩色有质朴感。

7. 明快忧郁感

色彩的明快忧郁感与色相、明度、纯度、配色对比均有关系，以明度影响最大。如图4-33所示，暖色、鲜艳色、高纯度色、高明度色有明快感，冷色、浑浊色、低纯度色、低明度色有忧郁感；配色对比大的色有明快感，对比小的色有忧郁感。明快的色彩给人以明快、雅洁、开朗、轻巧的感觉。

图4-32　景色对比

图4-33　明快感儿童设施

8. 兴奋沉静感

色彩的兴奋沉静感与色相、明度、纯度、配色对比均有关，其中受纯度影响最大。总的来说，暖色、明度高的色、纯度高的色彩具有兴奋感，冷色、明度低的色、纯度低的色彩具有沉静感；配色对比大的色有兴奋感，配色对比小的色有沉静感。如图4-34所示，兴奋的颜色能使人情绪饱满、精力旺盛，因此体育设施常用兴奋的颜色；而沉静的颜色能使人休息和冷静思考、工作。

9. 疲劳感

视觉有时会因色彩作用而引起疲劳的感觉，视觉疲劳产生的主要原因如下。

（1）色相：暖色中的红色、橙色，刺激性强，最容易引起视觉疲劳。

（2）明度：明度过高则刺眼，过低则产生分辨上的困难，都容易引起视觉疲劳。

（3）对比：色彩对比强烈，而且面积大，则刺激性强，容易引起视觉疲劳。

（4）杂乱：色彩配置杂乱无章，缺乏统一时，容易引起视觉疲劳。

（5）眩光：光泽色所产生的一些耀眼的强光，容易引起视觉疲劳。

（6）单调：色彩各方面缺乏变化，过于单调、乏味，容易引起视觉疲劳。

（7）数量：色彩的数量、种类太多，容易引起视觉疲劳。

图4-34　兴奋颜色的体育设施

10. 通觉

在心理学上，把一种感觉引起的其他领域的感觉，称为通觉。例如在听到某一种声音时，就像看见了相应的某一种色彩。所谓的"色听"，指的就是给予了某种音响刺激后，与听觉一起会产生和听觉相应的色彩的感觉。世界名曲《蓝色多瑙河》就是音乐结合色彩的典型之作。另外，色彩与音响、配色与和声之间也存在着美的感觉，例如，当听到快乐的音乐旋律时，就会联想到玫瑰色、嫩绿色、橘黄色等。不仅在色彩与听觉之间存在通觉，在色彩与味觉之间也存在通觉，这主要是由于生活经验的积累，使人们在色彩与味觉之间建立了关系。以日本人为例，根据内藤耕次郎的调查，黄色、白色、桃色有甜味感；绿色有酸味感；茶色、灰色、黑色有苦味感；白色、青色、蓝色有咸味感。此外，色彩与嗅觉之间也存在通觉，根据内藤耕次郎的调查，天芥菜花香味是桃色，柠檬味是橙色，加拿大树香脂味也是橙色，用低温蒸馏法得到的煤焦油的气味是黄色，檀香味是茶色。

4.4.2　色彩的视认性与诱目性

色彩的视认性指的是在底色上对图形色辨认的程度，即是不是可以让人看清楚。实验证明，视认性与照明情况，图形与底色色相、纯度、明度的差别，图形的大小和复杂程度，观察图形的距离等因素有关，其中以图形与底色的明度差对视认性的影响最大。一般情况下，照明光线太弱或太强，视认性都差；图形与底色色相、纯度、明度对比强时视认性高，对比弱时视认性低；图形面积大时视认性高，图形面积太小时，图形色会被底色"同化"，其视认性就低；图形简单而集中时视认性高，图形复杂而分散时视认性低。例如：在白纸上写黑字，容易分辨，为视认性高；在白纸上写黄字，较难分辨，为视认性低。如图4-35所示，白底的广告牌写上黑字格外清晰，黄色底上的黑字较难分辨。诱目性主要取决于该色的独立特征和它在周围环境中惹人注目的程度，一般来说，有彩色比无彩色诱目性高；纯度高的暖色比纯度低的冷色诱目性高；明度高的色比明度低的色诱目性高。

图4-35 公共广告牌

📖 拓展阅读

　　色彩的表达语言非常丰富，不同的颜色在不同民族和地区象征着不同含义。黄色在中国传统印象中代表着皇权与神圣的荣耀感，通常用于公共设计中表达中国传统风格的设施；红色明亮多彩，自古以来就是中国的喜庆象征，新年和婚姻通常以红色为基础。然而在英国和美国，黄色很容易让人想起背叛耶稣的犹大的服装颜色，因此，黄色在英国和美国具有负面含义，通常表现出胆怯和尴尬。

4.5 文化语言

文化语言是公共设施语言中的综合语言，它可以借助公共设施的外形、材质、色彩等多方面来综合表现。地域文化、民族传统、历史积淀等使得公共设施在设计过程中有着丰富的文化语言，是设计中必不可少的设计语言要素。

4.5 PPT讲解

不同的发展历史、地域环境促成了千姿百态的地域历史文化特征，体现了人类文化的丰富性、多样性，代表着一定地域文化的结晶。在公共设施设计中，历史文化特征的体现与传播是通过艺术手法在产品形态上、结构上、寓意中所体现的，并进一步延展到环境、文化等要素中。公共设施所体现的文化特征是物质空间在人们心中所构成的"公众意向"，即大多数人共同认可和接受的文化内涵。这种认同感来源于街区本身的历史大环境和构成区域结构的公共设施所体现的文化延续，是"在单个物质实体、一个共同的文化背景以及一种基本生理特征三者的相互作用过程中，希望可以达成一致的领域"。因此，在城市公共空间中，公共设施体现出的文化特征的本质是人们基于对物质空间感知基础的精神层面上所形成的认同感。如图4-36和图4-37所示，不同街区环境中的公共卫生间设计，在完成服务功能的同时，还给人不同的视觉感受，但统一彰显了区域建筑风貌特色，显示出不同地域、不同建筑文化的特征，让人们直观地感受多元文化的魅力。

图4-36　创意公共卫生间

图4-37　海边公共卫生间

不同地域拥有不同的文化特征，激起人们的文化归属感和地域认同感。公共设施设计中文化语言的设计应用赋予了设施区域内涵性和意向性的特征，成为区域历史文化特色的有效传播途径。

　　在城市现代化发展的同时，地区发展也从趋同走向地域化，地域文化的传承和发展也愈发被人们所熟知和重视。地域文化符号就是将传统图形、色彩、传统文艺、民俗风情、历史遗迹等这些地域文化现象，转换成符号的形式作为一种信息进行传达。不同的地域文化构成了千姿百态的华夏文明，社会习俗、生活方式、历史遗存等长期发展形成了一定地域的文化特色，中国许多城市也正在运用本地特有的元素来显示各自的独特面貌。如北京前门大街上的鸟笼路灯、拨浪鼓路灯，设计师把古时货郎沿街叫卖时的道具——拨浪鼓造型加以抽象、凝练，运用重复变形的手法进行再设计，形成颇具古韵遗风的路灯。如图4-38所示，过去清朝贵族用于养鸟的鸟笼经过设计师的抽象简化，结合中国传统的回形纹样，设计成既具有传统遗风又颇具现代感的壁灯。人们在欣赏或使用这些富有民族和传统文化特色的公共设施时，就会联想起明清时期熙熙攘攘的老前门，深刻体味到北京城浓郁的历史文化气息。

　　如图4-39所示，四川成都市天府广场上展示古代蜀文化的十二根图腾灯柱，设计师巧妙地把灯柱主体设计为金沙遗址中玉琮的形象，呈现出内圆外方的造型。图腾灯柱上下两端装饰纹样采用了三星堆中的云纹和金沙遗址中的眼形器纹，灯柱采用主体绿色与顶部金色相间的色彩搭配方案，其中绿色既是内圆外方形玉琮的颜色，又是金沙遗址和三星堆出土的大量青铜器的颜色，而金色则是金沙遗址出土文物中最具代表性的太阳神鸟金饰的颜色。同时，十二根图腾灯柱上还刻有不同的金色文字，从各方面诉说着成都的古往今来。设计完美地展示了当地极富地域特色的巴蜀文化，人们在欣赏这些极具地域文化特色的公共设施时，就会联想到古代蜀地精美绝伦的工艺品和文明发达的生活，深深地体会到成都浓郁的巴蜀文化气息。

图4-38 回型纹壁灯

图4-39 成都天府广场图腾灯柱

 本章小结

本章简要介绍了公共设施的四种设计语言，分别是材料、造型、色彩、文化语言，公共设施设计语言概念的形成总是受到这个地域的地理环境、历史、民俗和传统文化观念的影响，它左右了对客观物体的观察和理解，从而影响了公共设施设计在美学上的应用。

不同地区设计语言的不同含义是地域文化差异的符号。公共设施的设计过程是对视觉上所看到的材料、造型、色彩进行概念化的过程，因此我们在设计之初应该充分了解民族历史文化，以便将地域文化更好地注入其中。

 简答题

1．简述公共设施设计中要考虑的因素。
2．简述色彩对公共设施设计的影响。
3．在公共设施设计中如何体现文化语言？

 实训课堂

实训课题：地铁壁画造型设计。
（1）内容：为天津地铁二号线鼓楼站设计一幅地铁壁画。
（2）要求：以天津鼓楼文化为主要内容进行构思，展现天津的民俗文化。设计内容包括草图、效果图、计算机三维演示。

第5章

公共设施的设计方法与程序

学习要点及目标

1. 了解公共设施的设计特点与设计原则。
2. 掌握公共设施的设计方法和设计步骤。

本章导读

随着社会经济的高速发展，全球一体化向前推进，现代新技术、新产品带来了新的生活方式，同时也使得具有地方特色的民俗文化不断地边缘化。英国皇家建筑学会会长帕金森（Parkinson）说过："全世界有一个很大的危险，我们的城市正在趋向同一个模样。这是很遗憾的，因为我们生活中很多情趣来自多样化和地方特色。"在日趋工业化、信息化的现代社会中，科学技术已经有能力突破地域限制，改变因气候、地理等原因所产生的地域性的生活方式、生产方式。工业信息文化的共有、共享特征，使我们能够快捷、便利地模仿西方的文化形式，这种趋势的发展必将走向世界文化的大同。支撑城市运行的物质构建所外显出的城市景观形象，在现代化的进程中已被同质化、工具化、理性化，城市公共空间中的文化传统在现代主义的冲击下几乎荡然无存。从我们的周围可以深切地感受这种变化，我们所生活的城市中的老房子、老街区这些承载着城市历史文化的物质载体和场所已难觅其踪影，城市渐渐地失去了应有的历史记忆，变得像水上浮萍一样无根无依。

如图5-1所示，公用电话亭是现代城市公共场所中最常见的设施之一，电话亭的整体造型、外观、色彩、质感、内部布置、电话放置的位置、私密保护的程度都反映出一个城市的文明程度。此款电话亭位于南京市板仓街街道的两边。从整体造型和材质来看，采用的是铝合金与塑料相结合的半封闭设计，顶棚用以防风挡雨，左右两边的遮拦板用以划清界限并加强空间的私密性，造型简洁、安装方便、造价也相对低廉，但整体上总觉得没有丝毫特色、个性可言，反倒给人劣质、低档、脏旧的印象。尤其是透明塑料材质的选择，虽然价格便宜，但易磨损老化，不能呈现完美的通透感，隔音效果也不好。

从周围的环境来看，由于创办文明城市，街道两边的门面装饰和房屋都进行了翻新，主要运用的是高明度、高纯度的色彩，如深红色、橘黄色、粉色等，颜色相对其他街道较为艳丽，在这样的环境中，整个电话亭的色彩选择就显得黯然失色，与周围环境不相协调，丝毫不能起到点缀周围环境的作用。

从使用中遇到的问题来看，由于电话亭就位于马路边，噪音很大，塑料隔板的隔音效果很不合人意。另外从人性化角度来说，这款电话亭设计忽视了一些弱势群体在使用中会遇到的问题，比如电话机放置过高，小朋友或残疾人士使用起来不方便。

过去，国内城市公共空间中公共设施设计所展现的地域文化要素在无形中被忽视了，部分城市在进行公共空间的改造设计时，对于公共设施的设计产品，往往都采用"拿来主义"，模仿国外的一些优秀的公共设施作品，并没有建立起自身的特色。就像从一条生产线上生产出来的产品，雷同得无法分辨其归属。当公共设施设计的结果似乎只剩下完美的功能主义时，造物的本意便被扭曲了。城市公共空间的发展是显形的，空间的文化却是隐形的。通过对公共设施的设计，唤起人们对文化空间人文特色的记忆，延伸公共空间独特的精神与性格。

图5-1 公用电话亭

5.1 城市公共设施的设计特点

　　"人"对于艺术的发明和创造就是满足"人"内心深处对"美"的追求和渴望的一种表现形式。公众对于美的需求从人类具有自我意识的那一刻起就一直是"人"的一种心理渴望，由于人们对精神文化需求的不断提升，公共设施在设计过程中更加注重对艺术性的追求，来满足人们视觉需要以及心理愉悦

5.1 PPT讲解

等要求。艺术设计逐步成为协调人和环境、人和社会、生产和消费之间的手段。著名建筑大师密斯·凡德罗（Mies van der Rohe）说过"建筑的生命在于细部"。公共设施作为城市规划、建筑设计和环境景观设计中的一项细部设计，其设计品质与设置的齐全程度，直接体现了该空间区域的质量，表明了一个城市的物质与精神文明发展程度、艺术品位和开放程度。

　　因此，公共空间设施的艺术性成为其设计的发展方向，使得艺术更加生活化，生活更加艺术化。公共设施在设计过程中更加强调造型、色彩、材质等设计的艺术语言、设计手法的运用，从而达到人、空间、环境的和谐统一，并将艺术与技术结合，创造出更加宜人的城市空间文化环境。

5.1.1 城市公共设施的区域性特点

　　城市公共设施设计是由多种要素相互作用而构成的统一整体，其中比较重要的有自然要素和人文要素。由于自然要素和人文要素自身结构的繁杂性和空间分布的不平等性,使城市公共设施设计具有一定的区域特色。一方面,受到气候条件引起日照、气温、降雨以及地形等不同因素影响而形成的自然环境,具有一定的区域特点;另一方面,不同地区会因为受到不同的文化特征和美学思想的影响,而形成不同的人文背景。城市特色文化在公共设施中的应用是区域特点的具体体现。受自然和人文因素的制约,不同的地区有着不同的自然景观和人文景观,所以不同的地域,所涉及的城市公共设施设计也会不同。研究一座城市的城市公共设施设计就必须把了解城市区域文化结构作为根本出发点,理解各要素与公共设施设计以及城市发展变化的内在关系,总结这座城市地域性特点。除此之外,在进行设计的过程中需将公共设施所处的环境进行区域性的功能规划,使城市公共设施的地域性特色鲜明地体现出来。比如一个地域特色鲜明的城市公共设施设计,会因为周围的自然环境,如一片草坪或者大片的植物绿化以及当地气候、地形的变化等因素的影响,能创造出不同的空间效果,增加视觉空间的变化。公共设施对于城市空间内不同的功能区域划分能起到过渡作用,使空间内的各个单元格之间具有一定的完整性和流畅性,将城市区域特征展现得更加明确。

城市空间内公共设施的区域特性除了受自然要素的影响外,还会受到人文要素的影响。如城市的人文景观、地标性建筑等要素都能应用在城市公共设施设计当中,以加深人们对城市的地域文化和城市历史文化的认识,并成为城市形象的代表。如图5-2所示,人们更容易接受用金字塔和狮身人面像大型雕塑群来形容埃及;从形态概念上来看,以贝状的歌剧院代替对悉尼的描述给人们留下的印象更深刻。

图5-2 埃及金字塔

5.1.2 城市公共设施的多元化特点

从城市公共设施设计的构成要素和设计过程综合来看,其多元化特点主要通过城市的自然、人文、社会要素以及不同的设计方法等多方面的因素体现,与公共设施设计有关的自然要素包括能源供应、水土以及气候、地形特征条件等。对自然要素之间内在关系进行分析、了解,将会在城市公共设施和城市空间建设中产生很大影响。不同的城市地域状况以及自然因素等会影响到公共设施设计时材料类型的选取,此外,城市公共设施设计的使用寿命以及配件的替换安装会受到不同气候条件的影响而有所不同。从人文要素的角度出发，为什么样的社会群体服务是城市公共设施设计中要特别考虑的影响因素，不同的人群对公共设施有不同的需求，大部分人在注重使用功能，同时还有一部分人更多地考虑公共设施的占用空间面积、地域文化内涵是否表现突出、设施的色彩应用，以上要素最终都会不同程度地影响到城市空间内的设施设计。另外由于不同的年龄、不同的教育程度地及从事不同职业的人们对公共设施设计的要求也不一样。除了自然要素、人文要素的影响外，公共设施设计还会受到社会要素的影响。随着社会经济的发展以及科学技术水平的提高，促使城市空间内公共设施的设计方法、材料具有多样性。如图5-3所示，路灯设计成树木的造型既可以有绿植的感觉，又可以提供照明的功能。绿色环保能源的利用、水文和污水处理、微气候控制、新材料的应用及维护技术的进步等，将先进技术手段应用于当代公共设施设计中，不但可以提高设计的技术含量，还能提高设施本身的质量以及丰富其外在艺术形式，使新一代的公共设施既表现其传统的一面，又展现其现代的一面，为城市形象的塑造打造坚实的基础。由此可见，城市空间内设施设计呈现多元化的趋势是不可避免的。

图5-3　路灯

5.1.3　城市公共设施的文化性特点

城市具有传播社会文化和满足人们日常行为活动、丰富人们精神需求的作用，是人们一切活动的载体，为人们的活动提供所需的场所。城市是由人、社会机构、城市空间等构成的统一整体。其中人对城市的进步、发展起着决定性的作用，社会机构和城市空间对城市的进步、发展起到辅助却又不可忽视的作用。城市公共空间在城市中占有一定的地位，城市公共设施是公共空间内的主要组成部分，它是以满足人们物质需求为前提，满足人们心理和精神需求为根本保障而进行的设计。城市空间内的物质文化、精神文化与社会环境、自然环境相互影响、相互作用，使城市空间内的公共设施具有不同的文化特点。不同城市由于组成要素的不同，使城市空间整体建设也有所不同。因此进行城市空间内部结构任何一部分的设计时都要考虑公共空间的整体框架结构需求，以此来研究当地的地域文化、城市传统文化以及民族文化构成等，科学合理地利用当地各种文化资源，建立人、社会与城市之间的平衡关系，呈现出城市空间设施设计的文化性特点。

地域文化是城市公共设施设计要素的主要来源，公共设施是地域文化传承和发展的媒介。在进行设计的同时把为人们提供良好的工作和生活环境为出发点，以传承、展现城市历史文化、民族风俗、地域文化特色为目标来推动城市的发展。在进行公共设施设计的时候，要对城市的整体情况进行调研分析，从城市的社会要素、自然要素（如城市的地形、地貌、可利用的自然资源等）以及人文要素这三方面因素进行考虑。

城市公共设施设计与布局要根据环境的性质、规模、本地区民族构成、城市总体规划来进行。对城市主要公共设施提出设想，需要充分了解城市民族的构成及其民族文化特色，尊重少数民族的信仰和风俗等。不同的民族由于民俗习惯、生活习惯等不同，使他们对城市空间设施设计的要求也迥然不同。以福建省长汀县为例，长汀县在历史上是客家文化最有代表性的城市之一，也是中国客家文化的大本营和首府，因为在客家迁徙历史上，汀州是第一个拥有府治行政机关的地区，所以将其称为客家首府。客家文化深深地烙印在整座长汀县城内，特别是当地的土楼文化，洋溢着人们对传统文化的尊重以及当地居民吃苦耐劳、顽强奋斗的精神气息。长汀县城有着悠久的发展历史，素有"汀州"古城之称。至今，长汀还保留着独特的客家文化、客家服饰、客家建筑土楼，特别是客家话，它是目前为止唯一一种保留着唐韵古音的汉语方言。具有地域特色的方言、共同的伦理道德体现着统一的民族文化特征。长汀县街头雕塑（如图5-4所示）、亭子，无一不体现着长汀的民族特色文化。

图5-4　长汀县一角

不同的时代背景会给城市发展留下不同的时代烙印。20世纪80年代的唐山，由于受到地震的影响，整个唐山市百废待兴，到处都是生机勃勃的建设景象。当时的唐山由于急需摆脱大地震给城市带来的影响，城市公共设施设计特别注重实用性。20世纪90年代末期唐山完成复建之后，步入了经济发展的快车道，逐渐成长为我国重要的重工业城市，城市的公共设施有着浓厚的工业气息。进入21世纪后，唐山针对重工业发展带来的环境污染问题，开始了产业结构转型，城市的公共设施设计也在发生着改变，工业气息对城市的影响也在减小，取而代之的是唐山本地文化对城市的影响正在加深。由此可见，具有文化性的时代特征一直伴随着城市公共空间设施设计的发展，使城市文化得以传承，这无不体现着城市公共设施设计的文化性特点。

5.2 城市公共设施设计原则

5.2 PPT讲解

城市公共设施，也是城市的信息的载体，在人与环境的交流与沟通中，发挥着桥梁的作用。随着人们生活水平的提高，公共设施正朝着多元化的方向发展，但归根究底还属于社会性质的产品，在设计中遵循着产品设计的原则和方法。

公共空间环境的公共设施，虽然建设环境不同，但仍与大众公共设施本质类似，其产品属性要求具备完善的使用功能，而社会属性则要求在使用功能的基础上，还要参考社会文化、经济等外界因素。这些要求促使历史文化风貌区公共设施在设计中需要遵循以下设计原则。

5.2.1 地域性原则

从历史上看，区域中的公共设施总是作为人们的信息交流的平台，即使在今天，我们掌握了众多的交流手段，这些公共设施仍然起着公共论坛的作用。例如，人们提起上海，往往最先想到的就是充满现代化气息的金融中心，提及北京，印入脑海的则是历史悠久的故宫、天安门，这就是地域历史文化给人们带来的直观感受。针对不同地区的环境设施，所保护和发扬的文化特色、风俗特性也不尽相同，所以公共设施的设计也必须遵从地域性原则，按照地域范围可进一步细化为以下两个方面。

1. 发展地域文化特色

地域文化是指在一定地域内的文化现象及其空间组合特征。公共空间环境中公共设施在设计中应充分考虑其地方特色，即地域性。它是一个地区所具有的独特的、区别于其他地区所不可替代的物质或精神文化形式，是地区的标志性符号。城市文脉是城市流淌着的自然环境和地域文化变迁的记忆，是实实在在存在着的。

地域文化是长期发展沉积下来的隐形文化，是长期生活在这里的人们生活习惯、共同特性的集结，所以在设计时应选择有代表性的符号和元素体现该空间环境的传统文化。公共空间联系的不仅是让人们去感知的空间的实体，而且还是联系历史与现代的载体。通过在公共空间的建筑形式、民俗传统、自然环境等空间构成中提取设计元素，使其既具有强烈的时代特征和地方特色，又将地域化和传统特色得以延续下去，能符合当代人的实用和审美需求，增强市民的地域文化认同感。如图5-5所示，日本东京的浅草寺时钟设施设计，造型上选用了浅草寺著名的五重塔建筑元素，并且通过艺术手法加以概括、抽象与变形，形成能够传递信息的设施，是延续公共空间环境文脉的典型案例。

如图5-6所示，法国文化古城——第戎，位于欧洲的中心地带，猫头鹰则是这座城市的吉祥物。猫头鹰的形象被人们印刻在马路上，从此便形成了一条有趣的旅游路线——猫头鹰路线。这不仅是一次"发现城市的乐趣"之旅，还是一次体验城市的地域文化之旅，将地域文化运用于公共设施之中，来往游客可以随着大街小巷地面上黄铜色"猫头鹰"标识的指引穿梭于城市中，依次参观古城的22个景点。

图5-5　日本东京浅草寺时钟　　　　　图5-6　第戎猫头鹰造型的标识

　　自然环境、人为因素、历史背景等都是塑造一个地区特色的重要因素，随着时间的沉淀愈发特色鲜明。历史文化风貌区中公共设施地域特色的体现首先在于尊重该地域的历史文脉，每个风貌区都具有特定且突出的历史文化背景和风俗特色，公共设施作为风貌区服务功能的执行和文化传播的载体，是风貌区重要的构成部分，必然要与区域环境特色相融合，因此，在公共设施的造型、色彩、材料等方面通过与地域特色元素的结合，来反映这个区域的特色文化。漫步于某个历史文化风貌区中的风情古道上，它所承载的不仅仅是让人们感知空间实体，更是联系区域历史文化的载体，向人们传达历史文化的隐喻。因此，通过对历史文化风貌区的建筑环境、空间尺度、色彩调性等方面加以分析，然后进行地域化、特色化设计，不仅能够妥善解决历史区域与现代化审美、工艺、材料等方面的矛盾，而且这种地域特色元素、符号的合理运用也更容易产生亲切感，引发文化共鸣。如图5-7所示，建筑大师贝聿铭设计的苏州博物馆，在保存苏州传统建筑特色的基础上，用材和设计都非常有新意，以现代钢结构代替木构材料、深灰色石材的屋面、突破传统建筑的"大屋顶"等，对粉墙黛瓦的江南符号进行了新的诠释。"不高不大不突出"的建筑体量与苏州城整体风貌的结合更是建筑与传统文化的融合，传承了苏州粉墙黛瓦、园林移步借景、亭台水榭等地域建筑特征，令人流连忘返。

图5-7 苏州博物馆

2. 注重因地制宜

　　自然环境和人文环境空间分布的差异性直接影响了公共设施设计的地域性特点。一方面，地球表面是形态不同的层面，由于日照、气温、风向、降雨、湿度以及地形的不同而形成了不同的自然环境，具有区域性特点；另一方面，由于各民族不同的文化和审美观念形成了不同的人文背景环境。自然环境、人文环境本身的复杂性和空间分布不均等诸多特点，决定了公共空间的公共设施设计应该遵循因地制宜的设计原则。需要解析特定区域内部的物质结构和文化结构，包括区域不同要素在设计中的相互作用、区域各要素之间的联系、区域与区域之间的相互关系，从而获得最适宜的、最具代表性的地域元素，体现在具体设计之中。此外，地区特有的物质材料、工业制造水平、城市发展状态等因素也是影响公共设施遵循因地制宜的设计原则的重要因素。如图5-8所示，瓷都景德镇的路灯，利用青花瓷的质感和纹饰来传达该地区的文化和特产，激发当地人的地域归属感和自豪感，在宣传地域特色文化的同时也很好地与周围环境结合，形成独特的文化意境；云南大理由于受其地理、自然环境等因素的作用，使当地以盛产大理石著名，公共设施设计因地制宜地采用当地大理石原材料，不仅体现了当地的民俗文化，更突出公共设施设计的地域性特征；如图5-9所示，安徽西递由于受其地理、自然环境等因素的影响，当地山石资源丰富，因此在西递古镇铺地、公共座椅等设计都采用了黄山岩石，在材质使用上突显了地域性特征。

图5-8　景德镇青花瓷路灯

图5-9　安徽西递的建筑风格

5.2.2　安全性原则

公共设施是人与环境、建筑等直接对话的媒介，人与公共设施发生直接关系，因此在设计公共设施时，安全性是必要原则，也是基本原则。《国家赔偿法》中就有对公共设施使用安全的法律保障条例，明确指出由于公共设施的质量和管理不当对人造成安全伤害的，国家相关部门应该按规定予以补偿，这就将公共设施的安全问题提升到法律层面的高度，在设计过程中，应考虑使用者以及适用人群的需求，避免发生安全隐患或者是因外界影响导致不正常的使用状态等。

在公共环境中使用的公共设施，设计时必须考虑到参与者与使用者可能在使用过程中出现的任何行为，也应该考虑到不同的人群，还要考虑到所用材料、结构、工艺及形态等方面的安全性。在设计时，应符合人体工程学原理。例如，在设计公共座椅时，根据人的生理需求，普通座面应限制在38cm～40cm，坐面进深为40cm～45cm，扶手高度在20cm～25cm，座面前端向上略微倾斜6°，靠背座椅倾斜角度为100°～110°，而且室外座椅的下部以虚空为主，以给人舒适的感觉。同时，要满足人们的心理需求，由于人们对于座位的选择会呈现"边界效应"，会选择靠墙、靠窗等能够总览全局的位置来便于观察周围的事物，所以在对公共座椅等设施进行设计时，尽量安置在街区的凹处、转角地带或者建筑物前面，选择视野开阔、向阳的地方，并且能够满足人们在公共空间中的正常活动与交流或者是独处的需求。

此外，公共空间不仅仅是构成城市的部分区域空间，更是城市历史、文化的继承和发扬的地域空间，因此，该区域中公共设施设计时也要注意对公共空间整体环境、建筑、其他设施的保护。

5.2.3 功能性原则

在我国，早在1936年的时候，《中国建筑》第26期中，陆谦受、吴景奇就在《我们的主张》中明确指出："我们对于艺术的主派别是无关重要的。一件成功的作品，第一，不能离开实用的需要；第二，不能离开时代的背景；第三，不能离开美术的原理；第四，不能离开文化的精神。"并且指出，为了造型和艺术的处理而牺牲使用功能，即使只是一部分，也是不合理的。从公共设施产品本身的特点出发，要以人为本，满足公众最基本的实用功能。

每个产品都有其对应的功能特性，公共设施同样如此。公共设施首先要具备方便操作、识别、清洁管理三个方面的功能，其次要根据地域环境、人的需求来增加附属功能。在风貌区中，公共设施是建筑、雕塑等无声的衬托和功能辅助，具有鲜明的可识别性和可操作性。可识别性表现在公共设施造型明确易察觉和信息类设施及标识系统设计的标准化、形象化，能够准确传达信息；可操作性表现在公共设施操作方便，尺寸合理。如图5-10和图5-11所示，垃圾桶的开口位置和大小直接影响了垃圾的投递率，垃圾桶上分类回收标识清晰与否也影响了垃圾投递分类的结果。

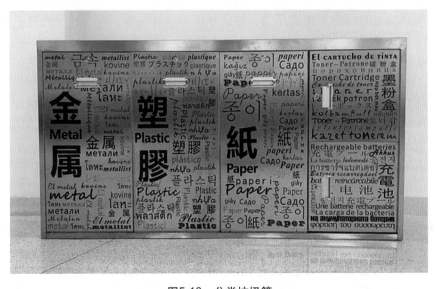

图5-10 分类垃圾箱

图5-11 分类垃圾箱

5.2.4 整体性原则

在1999年于北京召开的国际建协第20次大会上通过了《北京宪章》，其中提到了"整体的环境艺术"，即用传统的建筑概念或设计来处理建筑群及其环境的关系已经不合时宜。我们要用群体的观念、城市的观念来看清楚，在成长中随时追求建筑环境的相对整体性及其与自然的结合。公共设施与环境和谐性缺失的例子随处可见，如功能性与审美性的不协调，或者设施设计与周围景观环境、生态环境、建筑环境发生冲突等，都与设计时过分强调自我有关，忽略了公共设施应为"城市环境的有机组成部分"的基本理念。

公共设施的设计不可能脱离整个环境的构架而单独存在。设计时应将设施的个体与整体环境相结合。整体性的实质是城市公共设施与其他环境要素的结合关系，主要包括公共设施的个体或群体与周围环境、建筑空间的关系，以及环境设施所在场所的综合意象。公共空间中的公共设施是依附于整个街区空间环境而存在的，是构成街区公共环境整体的局部，既相关联，又系统独立。它始终处于设施与环境形成的系统整体之中；它也不同于单纯的产品设计，呈现给人的是它与街区环境相融的印象，必须要与环境结合为一体，标识路牌、雕塑、景观小品等，每个层次细节都存在相互联系。

在城市历史文化风貌区中，公共设施整体性设计包括：首先，不同功能性质的公共设施共同构成一个设施系统，每个单个的公共设施都是系统中重要的一员，都有着各自的特点和个性，但共同构成同一个公共设施系统时也要达成系统性的统一标准；其次，在整体系统中，单个公共设施的设计要遵循本身所独具的特点和个性，运用不同的手法表达，遵从不同的注意事项，因而处理局部与整体间的协调关系就尤为重要；最后，公共设施造型、色彩、寓意是衡量公共设施地域特色的直接方式，在设计中添加任何一种影响因素，都必须满足区域环境的整体感，与特定环境相协调，游离于特定区域之外的设计，也就失去了作为城市历史文化风貌区的公共设施存在的意义。如图5-12~图5-14所示为苏州火车站，整体性原则打造的苏州火车站显得格外协调。

图5-12　苏州火车站

图5-13　苏州火车站灯饰

图5-14　苏州火车站内部

5.2.5　以人为本原则

在历史文化风貌区中，建筑、景观、公共设施这些都属于区域固定的陈列品，而人则是游弋于区域中的移动群体，是实际性的区域主体。随着社会的发展，人们不仅追求基本的感官体验，同时对风貌区整体的文化传达、设施体验也提出了新要求。

著名景观建筑师哈普林（Harping）曾经这样描述："在城市中，建筑群之间布满了城市生活所需的各种环境陈设，有了这些设施，城市空间才能使用方便。空间就像包容事件发生的容器；城市，则如同一个舞台、一个调节活动功能的器具，如一些活动标识、临时性棚架、指示牌以及供人休息的设施等，并且包括了这些设计使用的舒适度和艺术性。换句话说，它提供了这个小天地所需要的一切。这都是我们经常使用和看到的小尺度构件。"在人类社会交往中，通过公共设施的设计，创造适宜的活动场所，满足人类对公共空间的需求。

当今社会，公众生活节奏紧张，环境无序化，人们迫切需要人性化设计来提升生活质量。公共设施人性化设计，是建立在人体工学、人机尺寸、舒适度等基础之上，对审美、情感共鸣、地域认同等精神基调提出了更高要求的综合设计理念，也是一种体现人文需求、注重人文情感的设计意识的体现，主要通过满足普遍需求和差异需求提出的双向需求，重视社会弱势群体的需求，建立人与公共设施之间的和谐关系。因此，人性化原则是公共设施设计的基本原则，也是公共设施的最高价值所在。如图5-15所示，日本地区的楼层中，警示标识中添加了商场导视标识；图5-16所示，格林学堂母婴室里设置了专门给婴儿换尿布的折叠板，这些细节无不体现了设计者对人性的关怀。

在公共设施设计过程中，设施的摆放地，是吸引人前往和汇聚的场所，成为城市景观环境中的"节点"，公共设施的设计与设置，应充分考虑与周围环境的互动与交流，实现其公共性与交流性特征。

人类学家爱德华·霍尔（Edward Twitchel Hall Jr.）在《隐匿的尺度》一书中深入探讨了关于座椅的安排与交谈可能性之间的关系，分析了人类最重要的知觉以及他们与人际交往和体验外部世界有关的功能。据他的研究，如果座椅背靠背布置，或者座椅之间有很大的距离，就会有碍于交流甚至使交流无法进行；如果座椅呈环形布局，则有助于交流的产生。所以，在街道、广场等城市公共空间规划时，设计师应尽力使座椅之类的休闲设施的布局灵活多变，避免运用背靠背或面对面的简单方式。在座椅的形态和摆放上可以采用曲线形；若是方形、长方形座椅，则可以呈一定角度布置。当公共座椅为曲线造型或呈一定角度时，既能很好地促进人们相互之间的交流，又可以使希望独处的人避免出现面对面的尴尬情形。

图5-15　日本商场警示标识

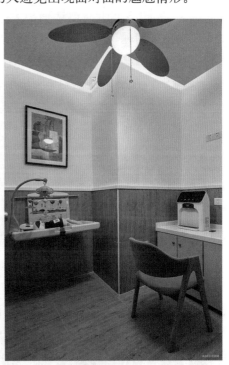

图5-16　格林学堂母婴室

5.2.6　可持续性原则

公共设施是构成城市公共环境、体现社会福祉的重要内容，它无法舍去环境而独立存在，也与一般产品设计不尽相同。公共设施往往呈现在人们面前的是它与特定区域相互渗透，构成公共环境整体性的印象，因此，历史文化风貌区公共设施的设计要与地域文化相协调，营造和谐统一的公众环境，延续和发展地域文化特色。

1. 时间维度继承

公共设施设计所遵循的时间维度设计原则，主要是指与区域人文环境的协调性、永续性，每个城市的历史文化风貌区都有独特的传统和文化背景，历史的积淀形成了丰富多彩的地域特色和风俗传统，是人们劳动、生活创造的结晶。风貌区人文环境协调性，要求地域特色元素与公共设施功能、造型、寓意相融合，顺应历史文脉，提炼出能代表地域特色的形态、色彩、文化符号,来设计公共设施,使之与人文环境相协调,与时俱进地继承和发展地域文化特色,从时间维度上推进历史文化风貌区地域文化背景的发展。如图5-17、图5-18所示,北京奥林匹克公园内的下沉公园中3号庭院"礼乐重门",设计者以"礼乐"为主题,选择礼乐仪式中的"钟""磬""鼓""箫"等传统元素,借助隐喻的设计手法,设计了由上百面大小不一的红色中国鼓造型的灯墙,将渐渐消亡于人们日常生活中的传统文化符号重新定义。

首先,要满足基础功能的可持续性、存在的持久性。如公共座椅的设计既要满足不同人群的使用需求,考虑其公共性和交流性因素,又要与周围环境相融合,材料选择上要注意防锈防潮等;垃圾箱的尺度既要便于人们抛掷废物,避免垃圾外露,招引蚊蝇影响市容,又要便于清洁工人清理等。在资源日趋消耗的社会里,提倡的绿色设计理念也越来越受到人们的重视,公共设施设计的可持续性原则在当今社会具有重要意义。

图5-17　北京下沉公园鼓形灯墙(1)

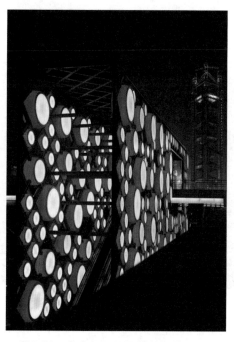

图5-18　北京下沉公园鼓形灯墙(2)

其次,由于城市空间记载着城市的演进,时间涉及季节、气候、植物的生长、水的流动、景观的历史变迁等许多方面,空间则涉及韵律与平衡、统一和变化、协调与对比、整体与局部等。公共设施的色彩、质感、比例、风格、图案、造型等均应与地方文化和历史文脉相协调,力求保持自然和历史遗留在景观中的可持续性,即时间性。

我们在城市公共设施的设计中要尊重历史、继承和保护历史遗产,同时还应促进公共设施设计的可持续性发展。具有文化遗产的公共空间中,公共设施的设计不应是盲目的,既不应当盲目地将传统的东西照抄和翻版,也不应当盲目地追求现代化的设施形象,而应该认真研究历史文化的发展,并进行调查和研究分析工作,对其传统元素进行提炼,取其精华、去其糟粕,并融入现代城市生活的新功能、新要求,进而使城市公共设施的建设具有时间上的可持续性。通过公共设施设计的艺术语言协调于地方文化和历史文脉,满足市民的审美需求，提高人们的审美品位，实现视觉上的艺术价值以及文化的传承。同时将艺术与科技相结合，在满足功能需求的同时，采用新技术、新材料，降低资源消耗，实现节约资源、保护环境的目的，使新艺术与科技创新相结合，做到与时俱进和可持续性发展以及文化的传承。

2. 空间维度发展

公共设施作为城市的构件在空间位置上是单一孤立体，但是由于有了人的空间行为活动，就将这些单一的构件在人们的记忆中组织成一个连续的整体。对于城市中公共设施的设计，应该考虑到人们在公共空间中活动这一记忆特性，将公共设施合理地组织起来，使之成为一个有序的整体，进而更完整地体现历史文化街区的整体风貌，建立设施在空间中的可持续性。同时由于公共设施有不同种类之分，有些公共设施本身就具有一定的可持续性，如序列性较强的街道护栏、街灯，有些则直接以点的性质出现，如电话亭、报刊亭。

空间维度持续性原则在公共设施设计上的体现，主要是对区域空间协调和区域自然环境协调性的掌控。首先，区域空间协调主要是指由建筑、自然景致、各类公共设施等共同组合成的活动空间的协调，公共设施肩负着调和整个区域空间的重任，需要从点、线、面等多方面有机结合，在形式上相互呼应，使公共设施成为延续城市历史文化风貌区公共空间的重要方式；其次，公共设施的设计应考虑地区的自然环境，注意设施与自然环境的和谐统一。在干燥寒冷的气候环境中，公共设施在材料的选择上应以质感温暖的木材为主；在温热多雨的气候环境中，选材要注意防锈，多运用塑料制品或不锈钢，色彩以亮调为主。自然景点的旅游地，公共设施要巧妙地融入环境，与自然环境的风格协调一致。

3. 多层维度创新

公共设施设计所遵循的可持续发展原则，是建立在多层次维度下的历史性需求。首先，公共空间是服务于大众的公共场所，其服务主体是人，因此满足人的需求是首要需求；其次，人们生活越来越智能化，对公共环境不断提出新需求，公共设施设计更是要与时俱进；再次，旧的历史文化风貌区作为城市的重要构成，要与城市发展趋势相匹配，不仅是造型、材料，功能上也应适当地融入创新实用的模块；最后，在信息时代背景下，物联网在公共设施中的应用可以有效地提升服务质量，增强城市公共福祉。因此，特殊地域的公共设施可持续发展设计，不仅与环境和设计对象相关，与其他诸多周边因素也有着紧密的关联性，需要多层维度综合考虑。

5.3 城市公共设施设计方法

靳棣强先生曾说过："我们不一定要画上京剧脸谱，穿上龙袍，才能让人认出是中国人。"同样，公共空间环境中的公共设施设计要体现区域文化魅力，并非只有照搬历史建筑造型、传统图样等。现今，城市空间公共设施的设计已由单体性设计转向与自然、环境、建筑、地域文化相结合的整体性设计领域之中。传统造型元素在公共设施设计中的渗透，不仅体现了公共设施设计的艺术品质提升，并且也有力地增强了城市公共空间环境规划设计的地域文化内涵。

5.3 PPT讲解

在分析了城市公共设施设计要素与原则基础上，具体设计方法首先在于对城市的地域文化元素的"获取"，然后通过"提炼"和"整合"形成地域文化符号，最后再将这些符号合理运用于不同类别的公共设施设计中。

5.3.1 地域文化元素的"获取"

"文化符号在经历了岁月的洗练后都渗透着浓厚的历史凝重感，拥有强大的生命力，因而这些文化符号是形式与内涵的完美结合。"文化符号是历史的积淀和人类智慧的结晶。公共设施也有责任充当文化的载体，把富有特色的传统文化符号应用其中。通过造型、色彩和材质的结合，将传统文化元素进行视觉表达，从而通过视觉的感受力呈现出有文化内涵的设施设计。

地域文化特色与地域自然风貌、建筑所呈现的形式不同，地域文化特色不拘泥于具体形态，可以是语言、文字、纹样，也可以是民族精神、风俗习惯等，是一种城市历史和精神文化的沉淀。公共空间环境中的公共设施在设计上，仅通过简单提取表象设计元素进行设计的方法，并不能准确地表达地域文化，需要深入挖掘区域最具代表性的文化元素符号，通过公共设施媒介加以继承和传达。因此，公共空间中的地域性公共设施的设计元素可以从城市特色文化方面获取，主要包括自然地理特征、历史文化、特色建筑、材料及城市的色彩等。提取元素后再通过分解、抽象和重构等现代设计手法获得地域性符号，并运用到公共设施设计中。

1. 从自然风貌中获取

自然环境的区域属性庞大，它是地球赋予人类最珍贵的礼物，是城市历史文化风貌区存在的基础和背景。如图5-19所示，随着岁月与自然的洗礼，这些地区的景致、建筑逐渐形成了独具特色的地域形象代表。在对相关区域中公共设施进行设计时要对自然环境进行充分的解读，做好充分的调查和长远的计划，以便更好地展示其地方的自然特色。

图5-19　汉中八景

2. 从民俗文化方面获取

民俗文化是人类在不同的生态、文化环境和心理背景下创造出来，并在独特的历史发展过程中积累、传递、演变成的不同类型和形式的文化。它是一个国家民族精神的重要载体，是民族文化的主要组成部分。俗话说得好：千里不同风，百里不同俗。不同地区的民俗习性造就了不同的地域文化和生活习俗。我国民俗文化丰富多彩，特色鲜明，集中体现在日常起居、生产活动、饮食、服饰、礼仪等各个方面，其多样的表现特征也为公共设施设计提供了丰富的设计素材。如图5-20所示，改造后的北京前门大街上树立起的"拨浪鼓"造型路灯使得人们眼前一亮。拨浪鼓是古代商人走街串巷叫卖货物招揽客人的工具，同时也是我国传统玩具之一，鼓形如罐，双耳较特殊，类似皮条，持柄摇之，皮条抽打鼓面发声。当照明设施被赋予这一造型时，与前门大街这一传统商业街的整体氛围可谓相得益彰，再现了老北京建筑文化、商贾文化、会馆文化、市井文化集聚地的风采，同时也带给人们更多对儿时的回忆。这款路灯整体设计巧妙，除基本功能外还具有观赏性，并且达到与人们情感的共鸣。

图5-20　拨浪鼓造型路灯

民俗文化是人们生活印迹的反映，经过几千年的传承，是人类世世代代智慧和经验的积淀，包含着无限的生活情趣。民俗文化是人们在不同地域中创造出来的，具有独特性，如图5-21、图5-22所示，青岛的啤酒街，建筑造型为一排排啤酒罐排列形态，表面装饰成青岛啤酒的各种包装，垃圾桶以啤酒瓶的造型元素出现，公园中的雕塑更是运用了整个啤酒瓶的轮廓，座椅的设计用啤酒杯的造型，整个公共设施系统以啤酒为主要设计元素，充分体现了城市的文化特色。

图5-21　青岛啤酒街（1）

图5-22　青岛啤酒街（2）

3. 从传统建筑符号中提取

建筑，既彰显艺术，又体现文化。城市由建筑组成，建筑作为城市文化的物质载体，是一个城市文化最重要最直观的表达方式。每一栋建筑都包含着不同地区、不同民族的地域文化。例如，以"皇城"著称的北京，道路东西南北十分规整，建筑以四合院闻名；以"洋城"著称的上海，建筑以高楼、弄堂为特色，形成特有的海派文化；以"民城"著称的天津，海河孕育了城市文化，也决定了城市的布局走向，外来文化涌入天津，形成了多元并存的城市文化现象，西式的小洋楼与本土建筑各具韵味又协调统一，形成了天津近代城市的形象。此外，还有黄土高坡的窑洞、江南水乡的粉墙黛瓦、福建的客家土楼等。从地域性建筑特征中抽取和提炼地域元素，将其应用在公共空间的公共设施设计中，使游人在观赏时能够更好地体验到地域文化的生活氛围，欣赏不同时期的文化风貌。

如图5-23所示，位于成都二环路上的红牌楼公交站，设计者将具有地域文化特色的四川民居穿斗式坡屋顶建筑元素进行了提取和简化，应用在公交站台的顶棚及护栏中。设计中建筑与结构紧密结合，除了结构构件外，基本没有多余的装饰，所见的梁、柱等既是造型也是结构需要。如柱础，既是古建筑元素，也是钢节点保护层，从方案到施工，又经过再设计，都是基于地域建筑元素设计的基础上，同时又加入了站台导视系统、功能照明、监控等现代科技，满足了现代人群的功能与审美需求。这些具有地域建筑元素的公共设施不仅继承和发展了地域建筑文化，也通过一种直观的方式展示着城市的历史文化风貌。方案由繁到简，突破了单纯地还原古代建筑的方法，使现代材料从色彩到造型上，实现了对集体记忆的再现。

城市历史文化风貌区中的建筑蕴含着特有的地方文化、建筑风格，将这些建筑中的设计语言进行概括、抽象和提取，从而获得特定的、具有传播信息能力的符号代表，并将其应用到设计中，以提高城市特色的可识别性，在公共设施的设计中应用这些符号可以激发人们的情感共鸣，加强地域认同感。苏州山塘街售票亭的设计元素来源于苏州园林中亭子的造型，经简化和加工之后，既具有浓郁的地方建筑特色，又与现代化公共设施功能、造型相结合。

图5-23　成都红牌楼公交站

4. 从传统图案纹样与色彩中提取

传统图案纹样主要来自于民间工艺、宗教艺术、封建帝王将相和商贾等专用物品图案，以及祝福性文字组合成的图案，并且在不同的地域、时代背景下有所差异。传统图案纹样是最能够直接体现城市地域性文化特征的载体，也是各类产品中最常见的装饰手法。传统图案纹样不仅本身具有强烈的形式美感作用，其背后蕴含的"意"也是人们传达吉祥、喜庆等寓意的关键。人们对美好事物总是心存向往，因此传统纹样应用于公共设施设计中，能够引起人的情感共鸣。如图5-24、图5-25所示，在苏州街头的部分标牌上运用了简化后的"万字纹"，这些纹样通常运用于苏州传统园林建筑的窗墙、门格、梁头上，取"富贵不断头"之意。

图5-24　带"万字纹"指示牌

图5-25　"万字纹"门格

　　传统图案纹样在公共设施设计中运用得较为广泛。传统纹样总是被认为最能体现地域性文化特征而成为最常见的装饰手法，在风格上起着潜移默化的艺术效果。融合传统图案纹样设计的公共设施，具象与意象、形式与理念有机结合，增强了文化厚重感，而且有助于设计理念的延伸和视觉感染力的增强。如图5-26所示，日本川越市冰川神社中的部分吊灯，抽取了日本传统菊花纹样元素和简洁的几何形态进行设计，从公共设施造型元素中更加直观地感受到城市历史文化感。

图5-26　日本菊花纹吊灯

5.3.2　地域文化符号的提炼

　　不同地区由于自然环境、经济发展、文化风俗各不相同，公共环境中总会呈现出特色性的符号及其排列方式。就像方言，通过不同地方"乡音"的区分，可以产生强烈的地域认同感和语言环境的归属感。虽然城市中很多特色的地域文化符号是经过加工过的，但是不少图形结构形式复杂，不符合现代审美，所以不能直接运用到设计中，这就要求设计师对传统地域文化有一个比较深层次的理解，加以撷取、概括运用到设计中。

　　在公共设施设计中，物质元素是表现传统文化元素的载体。在当代，虽然很多传统物品的原始功能已经基本消失，从功能的角度来看已经不具备有使用功能，但是某些特定的符号片段成为街区或地方历史的积淀，有着深刻的文化内涵及文化延续的价值。公共空间是城市历史文化的外在载体，空间中各种物件的形态直接反映着城市的风貌。公共设施的设计在环境中要想实现与人的沟通互动，需要造型语言这一传播媒介来传递信息。公共设施的设计需要根据人们生活的各种要求和生产工艺的制约条件，将各种材料按照美学原则加以构思、创意、结合而成。因此，在设计中应该把公共设施作为传达历史文化的一种载体，把富有地域特色的传统文化元素进行提炼概括，具体方式有如下几种。

1. 借代

　　"借代"是符号提炼最直接、最普遍的方法之一。当地域文化的形态与含义有着强烈映射关系时，以地域文化某部分形态代替公共设施的部分造型后仍具有意义上的相通性与通用性，这部分形态可以准确地代表地域文化特性，那么，在这种情况下，借代传统特色文化的符号原型，且符号的所指和意指一致。如图5-27、图5-28所示，苏州博物馆中，很多装饰在细节上借用了传统园林的漏窗元素。另外，在传统地域文化形态无法改变的前提下，通过色彩、质感、材料和技术等方面的调和，也可以展示传统文化符号的魅力。

图5-27　苏州博物馆漏窗设计（1）

图5-28　苏州博物馆漏窗设计（2）

　　如图5-29所示，日本京都的花见小路作为保持了历史风貌的著名街道，两旁用细细的木材建成格子窗、竹篱红墙的茶屋、高级餐馆料亭鳞次栉比，整条街的格调是复古的、典型的日式风格，街道的路灯、路牌指示等设施汲取了街道传统的造型元素，并对其部分造型进行了现代设计的凝练和加工，体现出浓郁的传统文化特征。

图5-29　日本花见小路

如图5-30所示，北京王府井大街上的井盖设计选用代表北京皇家气质的龙的图腾形象，材质上汲取了故宫内常用的金色铜质，形成具有传统特色的浮雕井盖。它不仅对街区景观设施是一种形式的装点，同时也增加了景观设施的文化内涵，使其具有更长久的生命力。

图5-30　北京王府井井盖设计

2. 简化

“简化”主要通过对风貌区传统文化、建筑符号的形体的概括，对内部结构进行简化，去除复杂、烦琐的细节装饰，使符号呈现对传统原型“取其精华”的简洁、明朗，应用于公共设施中又能体现历史文化风貌区地域文化特色，这就是简化变形的符号改造。如图5-31所示，日本浅草寺内的公共时钟，在造型设计上简化了浅草寺的整体结构形态，去除了大量的装饰细节，获取了简化后的地域建筑符号。

图5-31　日本浅草寺时钟设计

3. 移植

　　"移植"主要是指将传统文化中与现代设施功能相近，具有历史文化代表性的形态、功能部分进行移植。许多传统文化、事物在当今社会中已经无法发挥其原本的功能，但却是历史最真实的见证。历史文化符号本身最主要的职能之一就是对地方历史、文化、特色的展示和保护，因此，在公共设施设计中移植一些历史文化、事物的形态功能，能够令使用者重温历史情怀，感受地域特色。如图5-32、图5-33所示，西安古城墙上的照明灯具设施，就移植了传统灯笼的造型，通过历史文化的内在联系，传达了丰富的城市文化内涵。

图5-32　传统灯笼在西安古城照明设施的应用

图5-33　中国传统灯笼

城市空间中公共设施设计传统元素的移植方式，主要是指对具有与现代设施相近功能的传统形态进行借鉴和移植。每个城市都有自己独特的传统和特色文化，它是历史的积淀和人们创造的结晶。城市街区中的景观设施可以成为城市文化的一种载体，把富有特色的文化符号应用到设计中，这样，当人们欣赏或使用富有民族和传统文化特色的街区景观设施时，就会更加了解人们生活的城市。例如，杭州南宋御街中的街灯，形式上直接运用了中国古典的窗格造型元素海棠纹，体现出江南水乡的秀美气息，路灯借此造型让人不禁驻足停留欣赏。

4. 改造

改造主要是指对传统元素的现代加工，使其符合现代形式的需求。如图5-34所示，台儿庄古城道路旁休憩座椅的设计运用现代设计手法，加入中国传统元素，将古代战车车轮或磨盘作为长椅底座，运用自然淳朴风格的原色木板大块拼装，做成靠背，两者结合，设计成为供人休憩的公共设施，与传统景观融合，风格浑然一体。因此，在城市公共设施的设计中，如果能够很好地体现出城市中具有历史意义的元素，不仅容易引起人们的共鸣，并且能够唤起人们对过去的回忆，产生文化认同感。

5. 分解

"分解"主要是指将风貌区具有地域特色的传统文化元素，通过分解、转化，形成具有地域代表性的符号，运用到公共设施设计中，使设施物在形态、结构等视觉层面上被改变，呈现出地域文化的代表性特征。如图5-35所示,盐城海盐博物馆的建筑造型,就是通过分解了盐晶体的物理结构和化学分子结构,并与现代材料、审美相结合设计而成的。

图5-34　台儿庄街道设施

图5-35　海盐博物馆

6. 抽象

对传统历史文化特色的抽象,主要是通过对特定地域的纹样、建筑、民俗风情、自然景观、语言文字等具有代表性的原型,进行形态上的现代化加工,使之适用于当今时代中公共设施的设计应用。这种情况下,我们所抽象的有可能是引用传统文化的虚拟意义,也有可能只是抽取其样式美。如图5-36所示,丹顶鹤、麋鹿是盐城的动物形象代表,丹顶鹤自然保护区更是盐城重要的旅游景点之一，盐城的部分雕塑就通过抽象化丹顶鹤和麋鹿的形态，省去了烦琐的细节，简洁明了地传达了城市地域文化符号。

图5-36　盐城丹顶鹤雕塑

7. 延续

城市公共空间中公共设施设计的延续方式，主要是指街区中公共设施对传统文化的表达。要传承城市的文化必须掌握城市的文脉，城市文脉是体现城市鲜明地方文化特色，体现民族精神、城市个性的城市历史命脉。中国几千年的传统文化为城市空间公共设施的设计留下了许多可利用的元素，如飞檐斗拱、水榭亭台和古代建筑风格、传统的镂空窗格设计以及由此引发的对设计的种种遐想。例如，苏州平江路的标识牌就是延续了传统牌坊的造型，赋予它新的生命。

5.4 城市公共设施设计步骤

公共空间中的公共设施，本质仍是实体产品，因而其设计步骤同样遵循一般产品的设计程序。设计步骤是设计方法的架构，是解决问题、运用元素的具体过程，但由于公共空间环境的场所特殊化，因此设计步骤必须具体化。

5.4 PPT讲解

对公共设施进行设计时，设计者要充分考虑城市的地理特征和人文性格、历史沿袭、建筑特色等因素，掌握地域文化符号的外在表象和精神内涵，寻找其中隐含着的地域文化、历史文化、人文精神等内在因素，利用多种手段将其融合到公共设施设计之中，从多角度突出和表现公共设施独特的精神特征，使人们在使用和欣赏公共设施的同时更能体会其中蕴含的地域文化内涵及艺术价值。对于城市公共空间这一特定区域的公共设施设计，需要在对地域文化进行深入调研和剖析的基础上，提炼适合于空间环境的公共设施设计的地域文化元素和符号，研究地域设计元素运用于公共设施设计的可能形式。

公共设施设计程序可分为四个阶段：准备阶段、发展阶段、实践阶段，以及管理与维护阶段。

5.4.1 准备阶段

准备阶段是对内部因素和外部因素进行总体了解和简单分析，主要包括以下内容。

（1）明确设计任务，调研分析设计对象存在的问题点和实际设计需求。

（2）制定设计计划，包括时间进程安排。

（3）调研分析地域大环境、小环境背景，包括使用空间、历史人文、风俗习惯、人文需求等要素分析。设计时需要对所在区域的城市规划方向、城市特色、城市的民俗文化特征、城市的人文建筑风貌展开充分的资料检索、实地和访谈调研。因为每一座城市的历史文脉都是无法复制的，城市公共空间的公共设施在设计过程中必须尊重历史并将其置于城市深层次的文化特征背景之下。

（4）对设计因素进行分析，校对参考资料、数据的正确性和真实性，获取相关设计地域元素。在对该地域的历史文化有相当透彻的调研后，展开城市的文化分析，挖掘并甄别与城市性格一脉相承的吻合特质，剖析城市地域文化精髓，遴选其中凝聚当地民众深厚情感的特有文化元素作为区域文化的代表符号，从中寻找灵感。挖掘、筛选能代表该城市空间形象的、适宜环境设施设计运用的本土设计元素，论证其可行性。

5.4.2 发展阶段

设计的发展阶段是将前期的研究成果具体展现的过程。此阶段提出的设计概念将直接影响最终设计结果的好坏，因而本阶段的工作在整个设计流程中至关重要。

（1）明确设计的主要方向，通过借代、简化、移植、分解、抽象等文化符号提取方法进行地域文化符号的提炼，将提取的本土设计元素凝练成为可运用于公共设施的具体设计符号，这是最重要的一步。设计符号的提炼可以借助符号学和构成学的方法，运用象征、隐喻、抽象、简化、夸张、重组、变形等手法，提炼适宜设施运用的地域性元素。

（2）综合考虑设计要素、原则、材料、视觉表达等，通过草图绘制来呈现设计面貌。

5.4.3 实施阶段

这一阶段的内容，大致包括设计概念的深入、调整和可行性评估。

（1）对照前期的设计概念和草图，进行设计优化，从功能、形态、色彩、材质、结构等方面对基本方案进行深入设计；探索本土设计元素用于设施设计的可能形式，设计蕴含地域特色的公共环境设施，从而完善设施功能、提升设施形象、彰显地域文化，最终达到公共环境设施参与城市形象塑造、融入城市环境、方便市民生活、提升市民文化归属感和自豪感的积极作用。

（2）效果图绘制和相应场景植入分析。

（3）通过真实的材料、结构、加工工艺将设计对象按一定的比例制作成模型。

（4）分析和评估实际产品的可操作性、成本以及具体实施结果。

5.4.4　管理与维护阶段

产品进入市场以后，设计并没有因此而结束。因为设计一件产品必定会受当时的科学技术、社会文化、市场信息以及设计师、企业决策领导人的个人知识、能力等诸多方面因素的影响。因此还要安排以下工作。

（1）定期分析总结市场使用反馈，实时作出相应调整。

（2）公共设施是城市固定资产，因此要建立管理与维护系统，保障产品后期功能良好运行。

（3）根据实际情况，不断验证、反馈、调查、总结，为后期设计工作提供理论和实践经验参考。

本章小结

我国艺术设计未来的发展趋势与世界艺术设计的发展趋势虽有着共同点，但同时也存在着自己独特的方面。这种独特性体现在"设计的文化归属感和认同感"。从时间维度上看，无论是简单的公共设施还是一幢建筑，都不是凭空而来的，而是积累了许多人的智慧、劳动、喜乐。它所负载的文化信息也就日益丰厚，逐渐成了一个文化符号，把这个符号作为设计的元素应用于任何地方，都能让人联想起它所代表的文化，并油然而生亲近感和认同感。

众所周知，能够被称为历史名城的城市，其本身都具有独特的环境风貌及历史传承。不同时代、不同地域形成了不同的活动方式及行为习惯，而处于这些地域的环境设施因其不同的地域文化属性，形成独特的造型、种类，并随着历史的发展及人们思想的转变、科学技术的进步，更有了本质的发展。公共设施应充分利用其所具有的地域文化这一重要因素，引起人们的共鸣，唤起人们对过去的记忆，产生文化认同感，采用新的设计理念和新的材料相融合，环境设施也就具有了鲜明的时代感。展现浓厚的地域特点是公共设施设计的重要发展轨迹。

因此在公共设施设计中，寻求本土文化艺术形式的设计，彰显城市特有的历史文化特征就显得尤为重要，它是公共设施设计必不可少的重要因素。将艺术语言表达贴近生活，采用与历史文化、地域特色、传统民俗相结合的设计，使公共空间的地域文化通过公共设施设计艺术进行表达，为城市历史文化保护与更新过程中的公共设施设计提供可参考的依据。

简答题

1．简述公共设施的设计特点。

2．简述城市公共设施设计原则。

3．怎样把握人性化设计？

实训课堂

实训课题：垃圾桶设计。

（1）内容：为故宫博物院设计垃圾桶。

（2）要求：以故宫博物院为主，展现故宫博物院的文化特色，设计包括草图、效果图，并写出不少于1000字的设计报告。

第6章

公共设施设计的应用及
典型案例分析

 学习要点及目标

1. 了解城市公共设施设计的现状与存在的问题。
2. 根据现有公共设施存在的问题为之后的公共设施设计提供更好的建议。

本章导读

公共空间的发展变化，通常经历了城市的传承发展，清晰地记录着其区域内的发展变化过程，承载着城市地域文化和民族文化。人们可以通过公共空间内的建筑、景观风貌感受城市变迁和地域文化。因此，公共空间延续着深厚的历史价值，人们可以直观地感受文化的发展，唤起人们对历史的回忆以及提升人们对未来生活的向往。

公共空间的改造需要遵循整体保护、有机更新的改造原则，本章以西湖文化广场、吴山广场、福州西湖公园、广州大学城、西安公共交通设施等国内典型的城市公共空间改造模式为案例进行分析。

6.1 城市广场的公共设施设计

中国城市的发展与欧洲截然不同。中国的传统公共空间是街市，广场只是一种外来的空间形式。在中国漫长的封建社会历史中，高度集中的中央集权统治使个人权利和意志湮没于强大的皇权之中。城市规划格局也体现了封建等级制度和对市民的统治要求，进一步导致了中国城市空间内向和封闭的特点，像西方国家城市里那种随处可见的公共空间和开放空间在中国古代是几乎不存在的。

6.1 PPT讲解

中华人民共和国成立后，城市的面貌在短短半个多世纪、特别是20世纪最后十几年的时间里发生了翻天覆地的变化。建国初期，我国的城市建设受到了苏联的影响，政治意识较为浓厚，建成的广场也多是为政治集会服务的，如天安门广场，以其巨大的尺度展现着新中国的民族精神和国家形象。改革开放后至今，经济的迅猛发展使中国的城市历经了革命性的变化，城市面貌彻底改变。但是，一些城市广场快速建设带来的弊端也由此产生，我国的许多城市广场功能多为政治生活服务，往往追求表面、追求形象，与市民的日常生活没有直接联系，并非真正意义上能容纳多种功能和社会生活的城市广场。此外，城市广场建设忽视了城市文脉，缺少人文关怀也是主要问题。随着中国日益走向民主政治和平民化时代，城市广场作为人与人之间交流的场所，应该更多地面向广大人民群众，广场的公民性应该得到更多的体现和尊重。

6.1.1 西湖文化广场

杭州市西湖文化广场位于杭州市武林广场以及运河北侧，地处杭州市的市中心，距离西

湖只有2公里，已经建成的杭州市地铁1号线从广场下穿行，并在广场北面的中山北路和朝晖路交叉口设有"西湖文化广场"站，而在广场的西南面设有武林门客运码头水上巴士站。如图6-1和图6-2所示，西湖文化广场总占地面积约13.3公顷，总建筑面积35万平方米，西湖文化广场室外广场约10万平方米。

图6-1　西湖文化广场平面图

图6-2　西湖文化广场效果图

西湖文化广场于2002年2月开始施工，建设的主体包括A、B、C、D、E五个建筑群，中心广场地下城，中心广场地面景观，以及步行景观桥四大部分，整个广场建设总投资近22亿元，广场主体在2007年大体完工，建筑的玻璃幕墙在2009年大体完工。

西湖文化广场中最具代表性的主塔楼建筑是高达170m的41层浙江环球中心，该建筑位于广场建筑群的D区。广场的建筑群中还有A区的浙江省科技馆、B区的浙江自然博物馆、C区的浙江文化艺术中心，以及D区于2012年6月开业的银泰杭州文化广场店，E区则设有浙江省博物馆、浙江革命历史纪念馆、浙江画院、威百仕影院等。西湖文化广场的设计将文化、娱乐、展览、休闲、健身等功能集于一身，以杭州市所特有的西湖文化、运河文化和古塔文化为文化背景，试图将古文明与现代文明相结合，体现秀外慧中的吴越文化本质，是很多杭州市居民选择进行休闲娱乐和购物活动的去处。

西湖文化广场作为杭州市近些年建设的城市广场之一，是杭州市"西湖文化广场——武林广场——吴山广场——吴山天风景区"这一城市景观中轴线的起始点，也是对武林广场在城市公共空间上的延伸，在设计理念上颇具有独特性。

1. 西湖广场公共设施现状分析

1）西湖文化广场的交通状况

西湖文化广场的南面与西面和京杭大运河相连接，通过广场南面的步行景观桥跨越运河与南面的环城北路连通，而西面则通过青园桥跨越运河，连通西面的华浙公园和住宅小区，广场的东面是中山北路，北面则是多个住宅小区，小区与广场有连接的道路。在广场的北面设置机动车辆地下车库，也预留了不少地面停车位，这样在广场景观部分没有过多的车辆干扰，人们主要依靠步行进行活动，这样使步行系统得到了较大限度的地面空间。广场中也存在有部分自行车、电动车活动，但由于地面铺装面积大，基本不太影响人们的步行活动，广场中基本做到了人车分流，人群不太会受到车辆的干扰。在地下交通系统中预留了消防车道，同时广场中开阔的铺地也可在发生紧急情况时供大型车辆使用。广场中固定的自行车、电动车停靠处较少，不少人直接选择将自行车、电动车停靠在广场的建筑前。

在公共交通方面，西湖文化广场南面的环城北路、东面的中山北路上有多个公交车站，随着地铁1号线的开通，在中山北路和朝晖路交叉口设置了"西湖文化广场"站，在广场的西南面还有武林门客运码头水上巴士站，总体来说，市民们到达西湖文化广场较为方便，可达性较强。

2）西湖文化广场的规模与空间尺度

西湖文化广场占地面积为13.3公顷，环境景观设计面积达到了12.4公顷，这样的规模算是大型城市广场的范畴。广场整体呈现一个不规则的1/4圆形，南北长约350m，东西长约340m，与运河相接的西南角呈现圆弧形。

西湖文化广场的室外空间部分主要由多个建筑前广场、中心的琥珀广场、休闲区和滨水区组成，将原本规模过大的城市广场分解成一个个不同的小空间，每一个区域都有不同的布局和设施，力图将广场的尺度变得更小、更亲近市民。总体来说，每隔20cm～30m左右就能出现一次空间或是景观的变化，基本符合芦原义信先生提出的"外部模数理论"，但是广场的东南部靠近建筑A区的部分尺度有些过大，如图6-3所示，最大的部分甚至达到了宽度40多米的硬质铺地，丧失了亲切感。

图6-3　西湖文化广场一角

3）西湖文化广场的硬质景观

如图6-4所示，广场中有多处景观小品，在浙江科技馆前设置有一个小型剧场，但是绿化遮阳效果较差，使用率不高，反而成了不少游客拍照留念的场所；广场中心琥珀广场区域设有一些不同的景观小品，与铺地或绿化相结合，在局部创造出步移景异的良好效果；建筑前广场的小品多放置在地下车库的出口、通风口，体现广场的现代感；步行景观桥上有京杭大运河的纪念石雕，长度跨越整个桥体，气势较恢宏；滨水区则将小品与景观结合，创造出安静的休憩环境。

广场中只在西面的滨水区域设有一处水景，以及浙江环球中心建筑前对称分布有两处小型喷泉，其原因为广场紧靠京杭大运河，是衬托广场的天然水景元素。

图6-4　西湖文化广场一角

4) 西湖文化广场的公共服务设施

西湖文化广场的配套公共服务设施总体一般。广场中的导向标识、垃圾桶较少，饮水器和健身设施严重缺乏；广场虽大，但是配套的休息座椅也较少，只有中心的琥珀广场有一些与种植池结合的休息座椅，在步行景观桥上均匀地分布着一些与花坛结合的休息座椅，以及滨水区域有一些休息座椅，广场中不少人在需要休息时都是直接坐在低矮的路牙或花池上，较为不便；偌大的城市广场卫生间严重缺乏，只有广场的西北部有一个公共卫生间，其他卫生间都分布在建筑内，室外广场空间中人们找卫生间非常不方便；广场也缺乏适当的避雨场所，人们只能选择在大型建筑中或景观步行桥下避雨。广场的照明设施较完备，夜间保持了不错的亮度。

广场的东面和北面都是城市小区，都与广场有道路连接，但广场中心区由于广场中建筑群的遮挡，看不见轮廓，只有在广场的东北面停车区域可以看到小区轮廓；广场的西面和南面都是京杭大运河，可以远远看到城市建筑轮廓线，形成较好的视觉效果。

西湖文化广场的室外广场作为广场建筑的延伸，与建筑形成了一个整体，将建筑与城市环境之间的联系拉得更近了。

5) 西湖文化广场的无障碍设计

西湖文化广场中的无障碍设计较为精巧，在广场高差较大的地方都设置了无障碍通道，在广场步行景观桥东面与广场和滨水区域设置了专用的残疾人电梯，并在电梯与外部空间之间设置了坡道，方便残疾人使用。但是在调查中看到电梯已经荒废，被保洁人员当作仓库使用，这是后期管理中不应当出现的问题，也是对无障碍设施的不重视，期待后期可以解决。另外，在广场中心区域与滨水区域之间都有无障碍坡道加以连接。

6) 西湖文化广场中文化的体现

西湖文化广场的方案设计时确立的主题是"文化琥珀"，从良渚文化、农耕文化、水运文化到现代科技文化再到信息文化，层层递进，层层累积，就如同琥珀的形成过程一样，使整个西湖文化广场蕴涵着深厚的文化底蕴。但是由于施工和设计的差距，导致了原有的一些想法没有体现出来。

例如，原有方案中体现科技感的景观雕塑球并没有在施工中做出来，但是整个西湖文化广场还是能够感觉到一定的文化氛围。广场远远地与延安路另一头的吴山广场对应，形成一条城市景观中轴，广场中心的玉簪玻璃光带与景观步行桥和桥上纪念石雕形成一条轴线，从古到今，将水脉与文脉贯通起来，再加上广场沿京杭大运河区域的绿色走廊，与现代感的广场结合起来，产生了杭州独特的地域文化感——历史与现代的碰撞、绿色与经济的共荣。广场中也有几处小品，力求为广场增添文化感，广场主体建筑——高达170m的41层浙江环球中心，也是对杭州市古塔文化的一种表达，如图6-5所示。

2. 西湖广场公共设施存在的问题

1) 内部静态交通问题有待提升

西湖文化广场基本实现了机动车与轻型交通工具和人流的分流，但是广场内部缺少自行车、电动车这些轻型交通工具的停靠区域，导致了很多人将自行车、电动车随意露天停靠在广场的建筑前，在较严重的部分甚至游人无法通行，这样的状况严重影响了广场的使用，容易造成广场外部环境混乱不堪，也降低了城市广场的总体品位。

图6-5　浙江环球中心

2）公共服务设施的匮乏

西湖文化广场占地近13公顷，但整个广场却只有一个卫生间，而且位于偏僻的西北角，游人难以发现；广场中的导向标识也非常缺乏，很多游客在不了解广场的情况下往往无法到达自己想去的区域；广场中垃圾桶的设置也较少，往往需要跨越很长的距离才能发现一个垃圾桶；广场上没有健身设施，需要锻炼的人们往往只能通过自发组织的舞蹈、跑步等单一的方式进行运动；场中可供避雨的场所也较少，人们只能选择在建筑中寻求遮蔽；同时广场没有设置饮水器，另外广场可供休息的座椅也较少。这些问题导致了广场人性化的缺失，游人往往不愿意在广场中多做停留，广场自身的使用效率变低。

3）可参与性较为一般

西湖文化广场中，广场的中心部分注重的是与建筑形体的协调，是视觉上的整体效果，游人的可参与性一般，很多父母携带孩童前来游玩，只能让孩童在广场上随意玩耍，没有可以指引孩童去参观、接受教育的场所，广场上的游人状态往往是游人呆坐在花坛上、树池上、休息长椅上，或是站在树荫下、可依靠处观察四周环境，广场中的游人鲜有交流，通常只有少部分游客在广场中进行拍照、游览等活动。

4）无障碍设施的荒废

西湖文化广场在无障碍设计上有着一定的创意和足够的重视，但是位于景观步行桥部分的设施却被荒废，变成了卫生洁具堆放点，这是广场后期管理的极大疏忽，导致了残疾人无法到达想去的地点。

3. 针对存在的问题给西湖文化广场的建议

1）营造舒适宜人的小空间

西湖文化广场的规模过大，因此广场中舒适宜人的小型空间创造显得尤为重要。有着巨大空间、宽广硬质铺地的城市开放空间往往会使人觉得冷漠无情，相反，小型的空间可以给人带来安全感、亲切感，也可以让人获得更强的空间体验密度，即在单位时间内、单位空间内获得更多的体验数目。在西湖文化广场中，可以考虑将广场现有的大面积铺地空间重新进行划分，通过植物、构筑物、园林小品等要素分隔空间和围合空间，将广场的大面积铺地划分成几个不同的小型区域，以增添游人在广场中的亲切感；在广场中心部分可以考虑通过局部微地形的创造来增添空间的变化，给游人创造更多的空间感受。

2）改进地面铺装

应当改进广场建筑周边的地面铺装，选择透水性更强、更防滑的铺装材料，防止雨雪天滑倒现象的出现，且在铺装时应赋予一定的艺术变化，不仅可以帮助限定广场空间、指示方向，也可以让广场空间形成更丰富的变化，同时也应当注意广场地面铺装的节能效果。

3）增强绿化遮阴效果

在西湖文化广场的中心地带现已有部分绿化，但是由于乔木大多偏小，形成的遮阴效果并不好，因此在广场的中心地带建议在保留现有绿化的基础上，适当增植一些大型乔木，例如香樟、乐昌含笑等，为人们提供更好的遮阴效果；在广场的大面积铺装地面上可以考虑设置一定数量带休息座椅的可移动树池，以保证在太阳直射时大面积的铺装地面上能保持一定荫蔽空间；在滨水区域可丰富植物层次，形成更好的荫蔽效果；同时可以考虑在广场上增设柱廊、亭等构筑物来辅助遮阴。

4）增设自行车、电动车停靠处

可以考虑在广场现有的西北部停车区域增设一定数量的自行车、电动车停靠点，在广场地下停车库中也可增设一定数量的停靠点，将广场变成一个相对纯粹的步行活动空间，不仅是对广场中游人安全的保证，也是对广场乱停车现象的清理，有助于提高广场的自身形象。

5）优化公共服务设施系统

广场中应当增设一定数量的导向标识、垃圾桶、饮水器、休息座椅等公共服务设施，给游客提供便利；应在广场的不同区域增设多个卫生间，且应有明确的指向标志，方便游人寻找；应当在不同区域增设一定数量的柱廊、亭等构筑物，方便游人在紧急状况下躲避雨雪。同时广场中应在滨水区域、中心绿化区域增设一定数量的健身设施，方便周边市民，为市民提供更丰富的健身方式。

6）提升广场参与性

在广场主要空间和活动结构不变的基础上，通过植物、地形、水体的变化，增添可供游人参与的景观空间，提升广场的可参与性，丰富广场中的空间类型，为广场中可能形成的各类活动提供良好的物质基础，例如增设露天茶座、儿童游乐场地、旱冰场等。

7）保证无障碍设施的良好运行

坚决杜绝无障碍设施荒废的现象，清理无障碍设施中乱堆乱放的现象，保证无障碍设施的良好运行，为弱势群体提供便利。

6.1.2　吴山广场

吴山广场位于杭州市的中心城区，南靠吴山景区，北接延安南路、老城河坊街，东面是杭州市著名的清河坊，西面与西湖景区相隔不远，与延安路北端的武林广场遥相呼应。广场总占地面积约2.9公顷，于1999年9月建成。

杭州市作为南宋时的都城，也符合中国古都"前朝后市"的说法，杭州市中的前朝指的是凤凰山皇城，而后市大致是现在的吴山、河坊街区域，这让现在的杭州市吴山、河坊街一带在自然景观资源丰富的同时，还保留了浓厚的民俗风情、历史文化气息。

如图6-6和图6-7所示，吴山广场按照不同的功能来划分，可以将其划分为以下几个参差起伏的区块：主广场区块、绿茵区块、下沉区块、公益区块，同时广场地下还设置了大型地下停车库。吴山广场常常举办大型集会、演出、促销、公益等活动，其定位为集休闲、文化、娱乐为一体的文化广场。

图6-6　吴山广场俯视图

图6-7　吴山广场

吴山广场中的主体建筑是中国财税博物馆，博物馆与吴山山体和设计的断墙、廊架共同围合了主广场的区块。

吴山广场是杭州市建成时间较长的城市广场之一，也是杭州市"西湖文化广场——武林广场——吴山广场——吴山天风景区"这一城市景观中轴线的一部分，在杭州市城市广场中颇具代表性。

1. 吴山广场公共设施现状分析

1）吴山广场的交通状况

吴山广场南靠吴山景区，北面则是延安路与高银街的交叉口，西面是四宜路和清波路交叉口，有较多小区，且距离西湖仅有500米左右的距离，小区与广场有道路连接，东面是杭州著名的河坊街步行街，由于广场地理位置和山地地形的特殊性，因此吴山广场总体呈现台阶式布局，与河坊街、步行街一起形成了一套较为完整的步行系统，机动车辆无法进入广场，如图6-8所示，广场在东北面靠近吴山花鸟城的位置设置了停车场，在广场西北面设有地面和地下停车库，在广场西面的下沉区域也设置了停车区域，并用台阶与上部广场隔开，保证从西面小路开进来的车辆和广场中游人的安全，但这一部分的广场区域由于有公共厕所的存在，人流量也较大，与车辆混行，比较不安全。总体而言，广场严格实行人车分流，游人安全性高，且步行活动不会受到交通的干扰。由于广场与吴山景区直接连接，因此在广场的东面保留了3条原吴山上山道路，游人上山下山都较为方便，同时也是为了唤起市民对场址的记忆，使之产生对环境的认同感，同时连接主广场区块和展览馆前广场的架空长桥也再现了大螺蛳山原路的痕迹。

图6-8　吴山广场停车场

公共交通方面，广场西北面设有吴山公交站，有多路公交车循环到站和发车，公交车线路发达。总体来说，吴山广场周边交通较为便利，市民和游客们可以选择多种交通工具抵达广场，吴山广场的可达性较强。

2）吴山广场的规模与空间尺度

吴山广场整个规划区面积约8公顷，其中广场用地约2.9公顷，这样的规模在城市广场中属于中小型。广场的基地属不规则山地，地形由东南向西北倾斜，中部与西部较平坦，相对延安路高差为1.2m~19.8m。广场总体略呈不规则梯形，北部靠近河坊街部分为长边，长约140m，南部靠近吴山景区部分为短边，长约70m，两梯边长约170m。广场南面中心区域与吴山景区的连接处呈圆形。

吴山广场总体可以分为主广场区块、绿荫区块、下沉区块、公益区块四个不同的区块，每一个区块的面积都不大，而且由于广场依山而建，广场利用梯级随山势层层迭高，顺应地形自由展开，形成了丰富的立体化空间构成，广场景观丰富，在每20m~25m的空间范围内都有丰富的景观变化，符合芦原义信先生提出的"外部模数理论"，吴山广场的景观空间让人感到步移景异，具有较强的层次感和吸引力。

但是吴山广场的整体空间都较为开敞，私密性空间较少，人与人之间的活动非常容易互相干扰，这一现象在广场的绿荫区块表现得尤为明显，有些游人坐在座椅上休息，需要安静，可是由于孩子们的游乐设施也在这一区块，孩子们需要在绿荫广场进行各类休闲活动，嘈杂不堪；有些老人需要在绿荫区块散步或练地面书法，可是孩子们需要开碰碰车，互相冲突；而且广场中挤满了带领孩子来游玩的父母，纷纷聚在游乐设施附近，围得水泄不通，甚至有很多熟人在广场中互相都不易发现对方，场面极其混乱。

3）吴山广场的硬质景观

吴山广场虽然依山而建，但是在广场的硬质景观方面，并没有忘记水景在广场中重要作用，如图6-9所示，广场最南部主广场区块，以九口古井为中心，设置了旱喷、涌泉，并围绕九口古井在主广场的东侧设置了与跌水相结合的露天舞台，供文艺活动使用，在主广场的西侧则设置了水池与仙鹤戏水的雕塑；广场绿荫区块的水池景观与主广场西侧的水池相连接，可以形成较大型的跌水景观，这一系列水景一直延续到下沉区块；广场的公益区块则设有二级跌瀑大型音乐喷泉。可以说广场规划者深知"山得水而活"的道理，通过水体景观的塑造来拉近广场与人之间的距离。但可能由于疏于管理，主广场西侧水池现状有些破旧和混乱，且由于将绿荫区块的水池作为游乐设施处理，其中堆放了大量的小型游船，破坏了水体原有的景观意象，这都是后期不应该出现的问题。

广场的铺地总体而言较为不错，样式多朴素典雅，防滑性较好，雨雪天不易发生严重的滑倒事故，但是铺地的指向性较差；由于地势的原因，造成广场中的台阶较多，大部分台阶每隔4~6梯级都会设置一个休息平台，以减少游客的疲劳感；广场的景观构筑物主要有主广场东侧的露天舞台、西侧的柱廊，露天舞台常常举行各类表演活动，柱廊则相对较安静，是人们读书看报的好场所，同时主广场区块还设有一处露天茶座，常有游客在此逗留；另外吴山山体与广场相连接的部位做成了原始的山石表面，与广场融为一体；广场的公益区块经常是一些大型活动的举办地点。

图6-9　井眼

4）吴山广场的公共服务设施

吴山广场中的公共设施中，最完备的当属儿童的娱乐游戏设施，集中在绿荫广场的区域，每到周末会有大量的游人前来游玩；在绿荫广场的区域设置了很多与树池相结合的石质休息座椅，由于遮阴效果出色，有大量游客在此休息，同时广场其他部分零星分布着不少木质、石质休息座椅，但是大多缺少树荫，而且数量较少，设备老化严重，鲜有游客休息，有些游客选择在有树荫的台阶上坐着休息，下部的公益区块缺少座椅，游客一般直接在花坛边、水池边坐下休息；广场中垃圾桶数目较少，有些游客有随地乱丢垃圾的现象；广场没有饮水器，也缺乏老年人使用的健身器材，导向牌显得有些工艺粗糙并且部分指示不明；由于规模不大，广场只有一个卫生间，平时基本能够满足需求，在游客数目较大的情况下，会出现需要排队等待的现象；主广场区块设置有大型柱廊，能满足一定的避雨需求。

广场公益区块的音乐喷泉西侧还设有大型的发光二极管（LED）电子屏，常能吸引游客驻足，同时区块的东面吴山山体前设置了大型的"吴山天风"石刻。另外广场的公益区块和绿荫区块中引入了不少小型商铺，销售纪念品、小食品、饮料等，常有游人驻足，对广场吸引人气有着较大帮助，应当予以鼓励。

5）吴山广场的周边建筑

如图6-10所示，吴山广场的主体建筑是主广场区块南部的中国财税博物馆，博物馆与吴山山体和设计的断墙、廊架共同围合了主广场区块，广场周边还配置有展览馆、科技馆、博物馆、图书馆等文化建筑，广场的西面还有杭州师大第一附属小学。往广场的东面走就是杭州大名鼎鼎的河坊街步行街，诸多的古代建筑伫立其中，每到周末都有大量的游人聚集，也为吴山广场带动了人气。广场虽然不全是由建筑围合，但是由于依靠吴山，仍然形成了良好的围合效果。站在广场上北望，还可以看见吴山古玩城和延安南路的建筑景观。

图6-10 吴山广场与中国财税博物馆区位图

6) 吴山广场的无障碍设计

吴山广场的无障碍设计是广场较为出色的地方，凡是广场中产生高差的部分，都有无障碍坡道连接，残疾人可以安全快捷地到达广场的每一个区域，相对不足的地方是厕所前的无障碍坡道处设置了停车区域，停放了大量车辆，对残疾人的人身安全较为不利。

7) 吴山广场中文化的体现

吴山广场紧靠吴山与河坊街，坐落于杭州文化最悠久的街区之一，这里是杭州古代民俗活动的重要发生地，河坊街至今仍然繁华，人行走其中能感受到浓浓的杭州地域文化气息，因此吴山广场有着得天独厚的文化基础。

在这样的前提下，广场在设计时就以"文化休闲"为定位，希望通过广场的各个物质景观要素来体现文化性，"吴山天风"石刻、碑廊、九宫格构图、水井造型和舞台景墙造型，都是对吴山文化和传统审美意趣的响应。广场中也通过景观细部塑造来诉说杭州市的历史文化，例如主广场区块九口古井周围的地灯，就参考了良渚文化中的玉琮造型，包括广场中坐凳的造型也来自良渚玉器的启发。

2. 吴山广场公共设施存在的问题

1) 广场内部空间二次组织力度不够

由于广场内部空间之间相应围合与隔断的缺乏，造成了吴山广场中的空间显得一览无余，这不仅将空间重叠所产生的混乱感扩大化，也造成了广场中私密性空间严重不足，基本可以说广场中没有较好的私密性空间，不同的活动之间干扰非常严重，例如有些情侣坐在广场的台阶上聊天，却常常有人要向上或者向下行走，情侣之间无法进行该有的亲昵举动，路人也较为尴尬；再如，绿荫广场上有时会有老人在地面上用大毛笔蘸水练习书法，但是却常常有很多孩童在广场上驾驶碰碰车，老人为了安全无法安心进行练习，父母们也担心孩子会撞到老人，孩童们也无法尽兴。广场中还算不错的私密性空间是主广场区域中的柱廊，然而在柱廊的开敞面是面对博物馆的墙体方向，人们无法观看他人的活动，对游客们的吸引力不大。

2）广场植物缺乏层次感与四季搭配

吴山广场东面与南面紧靠吴山，给广场形成了良好的植物背景，然而广场本身的植物配置却出现了问题，广场中的植物搭配缺乏适当的层次，往往就是乔木加地被、一层灌木等这样的搭配，这不仅让广场的遮阴效果大打折扣，在较为炎热的季节游客数量锐减，也在视觉效果上显得有所欠缺，没有发挥出利用植物组织空间的作用；同时广场中缺乏四季植物的搭配，在植物的季相与色彩变化上有较大欠缺。

3）公共设施匮乏且老化严重

吴山广场存在的另一个问题就是广场中的公共设施匮乏以及设施老化较为严重，广场中只有一个公共卫生间，人流量大时会发生游人需要排队等待上厕所的尴尬局面；广场中的垃圾桶数量也较少，有不少游客抱怨垃圾桶不好找；另外广场中的休息座椅数量完全跟不上游客数量，很多游客只能坐在井边、台阶上、花坛上、水池边休息，现有的不少休息座椅材质严重老化而且造型较普通，很多游客不愿意使用，造成使用效率降低；广场的指向标识由于工艺较粗糙兼有老化问题，造成指示不清，游人常常受其误导；发光二极管（LED）电子屏由于长期使用，光泽有些发暗，需要进行维护；广场中没有供老年人使用的健身器材，也没有饮水器。

4）地面铺装的导向性较差

吴山广场的地面铺装虽然在材料上选择了防滑的铺装材料，但是广场铺装的导向性几乎没有，地面铺装没有对广场中人们的流动方向起到一定的引导作用，这让广场中的人流动向时常出现混乱的局面。

5）下沉区域的停车问题有待改进

吴山广场在西面的下沉区域设置了一处露天停车场。然而停车场区域恰好处于公共卫生间、广场台阶前，且挡住了下沉区域的无障碍坡道，由于广场只有一个公共卫生间，因此该区域的人流量较大，停车严重影响了人群集散，且非常不利于广场游人的人身安全，对无障碍坡道的使用也有较大影响，这一区域的停车问题较为突出。

3. 针对存在的问题给吴山广场的建议

1）对广场的内部空间进行二次围合

在吴山广场中可以通过植物、景观构筑物等多种屏障手段来对广场的不同区域进行空间上的二次组织，通过一定的遮挡来阻挡游人的视线，这样不仅有助于加强广场空间的层次感、丰富广场空间形态，也可以为广场创造出更多的私密性空间。例如在广场的台阶与无障碍坡道之间增设一排花坛或种植池，可以帮助柔化台阶的硬质边界，同时也将不同功能的通道分隔开来，不容易发生功能上的混淆；再如主广场区域的大型柱廊，可以将柱廊面向主广场的一面打开，而将背靠建筑的一面利用植物加以围合，让人们坐在柱廊中拥有可以依靠的边界，并能从边界观察其他游人的活动，既满足了人们的安全需要，又满足了人们"看人"

的心理。

广场的绿荫区块是最需要进行改进的部分，应当对现有的空间形态进行重新组织，该区块中的儿童游乐设施应当分为几个不同的区域，以便分散广场中过分集中的人群；应当在区块中的树阵之间设置一定的分隔，以满足人们的私密性需求；同时儿童碰碰车这样需要大规模场地的活动方式应适当远离树阵和栏杆这类有人群聚集的部分，或者在现有的区域内以栏杆等隔断方式来限定其活动范围，以减少对其他活动的干扰。

2）丰富植物的配植方式

在保留广场现有绿化的基础上，进一步丰富植物绿化方式，选用一些较高大的、生态功能较好的乔木，组成乔、灌、藤、草、花相呼应的多层次、近似天然的植物配置方式，同时应当增加四季植物的搭配，形成不同的季相，增加艺术效果，吸引更多的游人。

3）改进广场的公共设施

广场应当增加公共卫生设施，可以考虑在发光二极管（LED）电子屏后与展览馆连接处、下沉区块等区域增设公共卫生间，满足人流量较大时的卫生需求；在广场的休息座椅方面，首先可以适当更换一部分老化严重的现有休息座椅，对现有老化不算严重的休息座椅则可以适当创造荫蔽环境，让游人不用暴露在阳光之下，另外，还可以在广场的公益区块适当增加一定数量的休息座椅；可以更换老旧的指向标识，并经常维护发光二极管（LED）电子屏；广场中可以增添老年人健身设施和饮水器。

4）加强地面铺装的导向性

由于吴山广场的景观特殊性，有必要加强广场地面铺装的导向性，将人流导向广场的不同区域，以便在人流量较大时疏散人群，减缓压力。利用不同材质和形式的广场地面铺装来带动游人自身行走的节奏感和方向感，引导游人向预定的方向以不同的速度行走，保证广场中人流的秩序感。例如广场靠近不规则的台阶部分的铺装也可以做成不规则的形式，与人们活动区域的铺装加以区别，提示人们空间存在着功能上、高差上的变化。

5）清理广场下沉区域的停车场

下沉区域的停放车辆应当清理，保持公共卫生设施、无障碍坡道前人们活动的畅通，保证人们的人身安全，为残障群体提供便利。可以通过扩大地下车库、地面停车场等方式来保证足够的停车位，也可以在现有下沉区域部位划出一小块区域专供停车，并使用围栏、绿化等方式与其他区域分隔开来，但是必须保持公共卫生间、无障碍坡道前不能停车。

6.2 园林景观区的公共设施设计

景观（Landscape）一词在文献中最早的记载是出现于公元前希伯来文本的《圣经》前半部分——《旧约圣经》中，原指"风景""景致"，用以描绘所罗门圣城耶路撒冷壮丽的景色。"景观"早期的含义更多是与"风景"（scenery）意思相近，多具有视觉美学方面的意义。

6.2 PPT讲解

现代景观的概念则十分广泛，不同的学者对景观的理解也各不相同。地理学家将其定义为一种地表景象；旅游学家视其为特殊的资源；生态学家认为其是有多种要素（如水、动植物、土壤、地貌等）构成的生态系统，是能源和物质循环的载体；建筑学家认为景观是对建筑物的补充和配景；艺术家则认为它是表现与再现的对象，是人类精神文化的载体。目前园林学科中绝大多数学者以及文学艺术界人士所指的景观也主要是指具有审美特征的自然和人工的地表景色，和风光、景色等含义相同。景观大致可分为自然景观、半自然景观和人文景观。现在的景观则更重视人的内在的生活体验，景观是自然生态和人文的综合体。

"园林公共设施景观"是指由存在于园林环境中的以服务为主要目的，具备特定功能及用途，兼具美的形态，能够与景观环境融为一体，并给人带来美的感受的各种公共服务设施所形成的景观。园林公共设施是当今人们在园林环境中进行各种活动的必要前提和保障，园林公共设施景观是当前园林景观中必不可少的一种景观构成要素。

6.2.1 福州西湖公园

福州市西湖公园位于福建省省会城市福州，距今已有一千七百多年的历史。由于整个公园依山傍水，核心区域景观水体名为西湖故而得名。相传福州西湖始凿于晋太康三年，历经唐宋造园过程，逐渐成为一方胜景。在历代权贵的不断改造和文人墨客的不断影响下，逐渐由单一的水景变为形式丰富，亭、台、楼、阁、廊、榭、舫点缀期间，植物交相辉映，意境浓厚的地域性御花园。西湖公园是整个福州现存完整且少有的古典园林，经过清代名臣林则徐的改造，于1914年辟为西湖公园。

西湖公园景点众多，环境优美。现有仙桥柳色、开化屿、古堞斜阳、紫薇厅、开化寺、鉴湖亭、更衣亭、浚湖纪念碑、湖天竞渡、湖心春雨、宛在堂、金鳞小苑、桂斋、水榭亭廊、荷亭、芳沁园等主要游览景点。当前广义的西湖公园除了包括原有的西湖核心区域外，还包括周边的大梦山景区以及左海公园区域。

福州西湖公园紧邻市区西北部的福建省政府所在地和福州中心商业区东街口，地理位置特殊，人流量大，是福州市民健身、休闲的重要场所。

1. 西湖公园公共设施现状分析

西湖公园虽为古典园林，但由于地处城市中心地带且被较早地开发为免费型开放公园，为了满足广大游人和城市居民的各种公共需求和服务便利的需要，园中配备有种类齐全的服务配套公共设施，能够满足当今城市居民及游人的各项相应公共需求。

为了配合园林整体风格的体现，园区建设及公共设施建设的过程中，对于体量较大的设施，设计方进行了较为细致的考虑。如图6-11所示，园中大小桥梁、公园入口处的管理用房和围墙等施设为传统的古建形式，部分主要道路两边的照明灯具亦是仿古造型。

对于部分体量较小，且在公园环境中反复出现的小型设施也进行了一定程度上的艺术处理或修饰。如蘑菇造型的音箱、经过艺术处理且富有生态感的导游指示牌、利用伪装原理制作的隐形窨井盖和表面带有花纹的窨井盖等。

西湖公园的改造建设者们通过不断的努力，使得今天的西湖公园越来越美丽，也更符合当今的景观和时代发展潮流。如为了满足游人的亲水特性和日益增强的休闲活动意识，公园于2008年新修建成环西湖亲水木栈道。为了保护公园水质和游人公共需求，园区引进了各种新型公共设施和设备，如环保垃圾桶、污水截留设施、监控摄像头、金属防护围栏等。但由于缺乏综合设计构思和全局考虑，使得许多新引进的设施同其他原有的电力设施一样大量地暴露在游人的视野中。尽管部分新型设施在外观设计上已经有过较为细致的工业设计考虑，但最终还是由于缺乏具体环境的适应配套考虑而显得较为突兀。

图6-11　西湖公园入口处

通过以上这些实例的分析我们可以看出，景观修饰技术在公共设施建设中的应用在西湖公园的景观环境中是有所体现的。根据修饰术是否有作用于设施以及进行修饰处理后设施的景观效果分析，笔者认为，西湖公园公共设施的景观效果大致可以分为三个级别。

（1）景观效果良好，有修饰且修饰手段和风格符合西湖公园的古典园林风格，对景观环境的协调和整体园林的美感有促进作用。如前面提过的各种古典围墙和管理用房设施。这类设施的造型和风格符合西湖公园整体古建的风格且有较强的艺术美感。

（2）景观效果一般，无修饰但有艺术美感或有修饰但修饰效果不太理想且与西湖公园整体的园林风格不一致，对景观环境无明显负面影响亦无促进作用。如前面提及的蘑菇造型音箱和印花窨井盖等。这类设施虽有美学艺术价值，但是由于并非针对特定的西湖公园环境，不能体现福州这一城市的地域性特征和西湖公园独有的园林艺术性，使得设施美学价值未能发挥出来。

（3）无艺术美感，未经艺术修饰，与景观环境格格不入，对景观环境不但没有促进作用，反而会破坏整体园林艺术的美感。这类设施主要是各种暴露在外且未经修饰美化处理的各种电力设施如变电箱、截污井、电控柜等。这类设施具有的带电威胁使得对其进行修饰外界干扰阻力较大，但又由于其本身多不具备艺术设计考虑，使得其成为景观环境中的视觉污染或其他污染要素。

2. 西湖公园公共设施景观意象提升手段的构想

福州西湖公园是福州市区最具特色和园林艺术美感的景观环境，虽无杭州西湖的声名远播和历代以来受到的无尽赞美，但也算是福州居民心中的"御花园"。如何提升其景观意象是一件值得所有热爱这个公园以及福州的人们需要共同思考的问题。本文从公共设施的修饰方面出发，认为可以从以下几方面予以努力和构想。

（1）充分利用福州等南方城市在植物资源方面的优势，合理利用植物造景，对各种视觉污染严重的设施予以遮掩。福州西湖公园中可供选用的常用植物有：榕属植物、龟背竹等天南星科常绿阔叶植物、竹类、棕榈类、金叶假连翘等绿篱植物。

（2）根据福州特色资源如榕树、茉莉花、橄榄、温泉、寿山石雕、脱胎漆器、贝雕、软木画等发掘地方元素，提炼出富有福州地域文化特色的元素符号和表现形式，并通过艺术加工将其应用于公共设施的景观修饰。这样即使简单地将西湖公园中原来印有非福州地域文化纹样的窨井盖图案换成茉莉花纹样或榕树抽象造型，其景观效果都将大有不同。原因在于后者比前者更能引起人们对特定地域的认知和认同感，再普通的东西一旦注入了人们的情感认知元素，都将变得特别起来。

（3）综合考虑西湖公园不同位置环境的意境特色，选用设施造型符合环境意境美的公共设施并做必要的伪装或修饰艺术处理，提供必要服务功能的同时，增进环境美感。例如，对于福州西湖公园鉴湖慕鱼景点，可将周边设施用鱼和水相关的文化题材加以修饰体现，可以是表面修饰，也可以是艺术伪装。对于大梦松声景点的设施则可以充分利用松树伟岸且又多姿的造型对设施外表加以修饰，将设施伪装成千年古松桩景或树体残躯，从而更能增加景点的历史文化感。

对于路边或草丛等位置的音箱、灯具或其他小型设施的修饰可以选用福州本地山间特有石材，将其内部掏空并在表面必要位置开启若干小孔。这样一来既能掩盖设施形体的存在，又不影响其功能的发挥，在增进美感的同时又经济适用。

6.2.2　当前园林景观修饰技术设计存在的主要问题

当前园林景观修饰技术在园林环境中的各方面都有所体现，同时也对各种景观环境起到了一定的美化修饰作用，但仍存在着较多的问题亟待解决，主要表现在以下几方面。

（1）随着人们生态环保意识的逐渐增强，人们会主动避免自身生活景观环境中的干扰因子并对相应设施进行一定的主观修饰，但往往这种修饰是出于个人主观意愿而非民众普遍心理感受和审美习惯。

（2）目前园林中许多公共设施的景观修饰工作是由非园林工作者进行的，非园林行业专业人士为了达到其专业目的，会对安装于园林环境中的相关设施进行一定的伪装修饰，以降低民众对该设施的抵触心理。这些做法在一定程度上能够降低设施与园林环境间的不和谐，但这些设施的伪装在任何环境中都是以一张面孔出现，艺术效果不太明显，缺乏环境融合性和地方特色。

（3）当前园林景观设计和园林相关的水电、市政、建筑等设计之间的工作几乎是各自单独进行的，缺乏必要的沟通和协调，景观修饰存在较大的不确定性和挑战性。

（4）园林景观环境的管理与公共设施的管理之间通常会分属于不同的部门，追求景观协调的过程中容易和其他部门之间因设施功能正常发挥问题发生意见分歧和摩擦。

（5）为了达到所谓的景观效果，只重视视觉感受而忽视民众在嗅觉、触觉等其他知觉方面的感受；使用对环境有污染的修饰材料，存在健康和安全方面的隐患。

（6）景观修饰的对象多为体量较大、对环境影响比较严重的设施，缺乏对体量较小设施的修饰，景观修饰中细部处理不够理想。

6.2.3   园林景观修饰技术应用前景展望

景观修饰技术是众多科学理论应用于园林景观的载体，是园林景观营造与改造的适用手段。尽管目前景观修饰技术在园林中的应用并不多见，但其所具备的广泛实践基础和景观修饰美化前景，必将使得人们随着生态意识和生活环境意识的逐步提高而认识到其重要性。结合当今科学技术的发展和人们生活观念的新动态，笔者经分析总结后认为，园林景观修饰技术在未来的应用将具有以下特点。

（1）随着仿生学、材料科学、环境科学、伪装手段、全息摄影技术等修饰相关科学和技术手段的不断进步，相信在未来的景观设计领域，景观修饰技术的形式将更加多样化，修饰的效果也将更加完美。景观修饰技术对于园林的作用，不单体现在对园林中公共设施视觉污染因素的简单隐藏和视觉美化，更多地将体现为对人的视觉、心理、环境健康等多方面的综合改良。

（2）景观修饰技术作用的对象也将不单单局限于园林中的公共设施，而将作用于所有对景观环境有破坏影响的对象，景观修饰技术的引入，将让园林环境更加精美化，景观与景观之间的关系也将更协调。

（3）景观修饰技术的使用者，将更多的是专业的景观设计人士，而不是非园林行业的临时应用者，对不同要素的景观修饰将更容易被普通大众所接受。

（4）随着人们对公共设施在园林景观中不利影响的认识的逐渐提高，景观修饰思想也将逐渐从后期景观的改造方法变为一种前期景观设计原则理念，将从设计源头上降低景观干扰因子的出现。

6.3   城市居住环境的公共设施设计

城市居住区域内的公共设施种类繁多，其中供水设施、供热设施、燃气设施、通信设施等在城市居住区域内为最具普遍意义的公共设施，即以市政设施为重点的城市基础设施，其随着城镇化的进程，建设量日益加大，发展速度增快，建设运营受到社会的关注，为城市与区域发展的重要一环。

6.3 PPT讲解

6.3.1   广州市大学城概况

如图6-12和图6-13所示，广州市大学城面积25.3km^2，坐落在广州市番禺区小谷围岛及其南岸地区，区域规划入住人口25万人，是广州市重要的大学生居住区域。为贯彻落实资源节约型、环境友好型社会的建设要求，广州大学城在全国范围内先试先行，以集约型大学城建设的标准，于2003年启动了大学城的整体建设。项目总投资约250亿元人民币，2003年7月破土动工，2004年9月项目一期建成运营，2005年8月项目二期建成运营。至此，广州大学城已经完成区域市政配套等所有公共基础性设施建设，现已入住20万人，涵盖十多所大学的教师和学生。

图6-12　广州大学城俯视图

图6-13　广州大学

6.3.2　广州大学城集约规划建设的实践应用

广州大学城在规划初期就制定了集约型大学区域建设的目标，通过规划建设运营阶段的一系列集约化措施，取得了良好的效果，被政府和社会广泛认同和关注。其集约化主要体现在以下几个方面。

1. 节能、节约型技术的推广使用

广州大学城运用了多种节能、节约型的建筑结构或者设备，例如综合管廊、集中供热供冷、分布式能源站、分质供水系统等，这些技术的应用为整体的设施节能奠定了物理基础。下面介绍几种典型的集约技术设施。

1）综合管廊

广州大学城利用区域内道路为依托，重点建设了区域综合管廊，总长约17.4km，把区域内的各类水暖电、通信等管线集中到了一起，构筑成了覆盖整个大学城范围的管廊系统，是国内规模最大、入廊管线类别最多、系统最为完整的城市综合管廊之一。它有效地减少了因管线铺设、维护而造成的经济社会环境损失，保持了路面的完整性，具有超前性和实用性。据预测，广州大学城综合管廊将会提高管线整体的运行寿命和安全性能，全寿命周期将节约投资30%~50%。

2）分质供水系统

分质供水系统是将区域用水从饮用水供水系统中分离出来，实现高质量给水的节约型水资源系统。分质供水系统可以实现分质量供水，极大地节省优质的水资源、降低供水的成本，从而实现节水、降低污染、合理利用水资源的区域供水方式。广州大学城分质供水系统是全国唯一的一个城市级别分质供水系统，在充分借鉴国内外经验，选择相适应的技术基础之上，建立了两套独立的供水管网：一套提供高质量水，可作为饮用、沐浴、洗涤等生活用水，由广州市南洲水厂提供；另一套提供区域的绿化、消防、景观、环卫等用水，由大学城自建杂用水厂提供。

3）分布式能源站

分布式能源站是以小规模、分散式、有针对性的能源分布设置方式，向使用者独立提供电能、热能或者冷能等能源的设施。通过分布式能源站的使用，广州大学城最终降低了电能价格，还获得了环保的效果，减少了区域电网的用电负担。

2. 资源效益导向型的集约规划和建设

广州大学城的规划建设突破了传统区域规划功能导向的规划模式，在传统配量、功能导向规划的基础上，充分考虑资源、环境等因素，强调资源集约式的规划理念，构建了多维复合式的公共设施配置结构，强调了区域设施的优化配置和资源共享，集约了土地，合理规划了项目的分期建设等。

1）分期整体规划、集中建设

广州大学城规划建设总面积25.3km²，准备总计落户中山大学、华南理工大学等10所高校。在我国类似的大学城建设中，占地规模、人口数量、建设周期都名列前茅。其中，共规划建设500多幢单体建筑，总用地面积900多万m²、总建筑面积530多万m²，规划采用一次性的规划配套、分期建设的方式。与常规的分散性配套设施相比，一次性的规划配套大量节约了项目的总投资，据核算，这种规划建设模式共节约了4/5的区域公共基础设施用地，其中仅仅高校配套用地就节省了1.26km²，配套设施的共享运行共节约资金30多亿元人民币。

同时，广州大学城在建设阶段，采用了项目代建制模式，实行集中采购建设，提前5个月就由建设方估算主要材料工程量进行招标，这样，就从施工上解决了由于整体规划、分期建设带来的配套接口问题，而且由于代建制的优点，总体工程价格降低了10%以上，大量地节省了人力、材料等施工相关的管理费用，提高了项目建设的速度。在施工阶段考虑了良好的经济、资源和环境效益。

2）优化设施配置、层次分明的设施配置标准

广州大学城摒弃了一般大学各自分散式建设的方式，规划制定了统一设施的分级与网络

式配置的原则，形成"区域——组团——校区"三级设施配置体系。各自层级上依照设施的不同功能属性和辐射范围，依照各组团、校区的不同需求相应配置各类设施，形成了"轴线发展+组团放射"的配置结构，轴线上布局综合发展区、信息与体育共享区及会展文化共享区，组团部分共5个，由各校区组成，各组团规划在集约用地的原则下成环状布置，同时形态各异，各具特色，共享资源。

3）倡导土地集约化利用

广州大学城在形成"轴线发展+组团放射"的设施配置结构后，更进一步地注重结合设施、技术进行土地集约化综合利用。比如说面对地下管线土地空间相互"争夺"的现象，大学城就集中规划了区域综合管廊，集中利用了土地资源，避免了重复建设的弊端。广州大学城还建成了集约型能源站，从技术上实现了"电、热、冷"三联供和能源循环梯度利用，把自备电站和集中供冷、供热设施集中于一起，利用技术的集成实现了土地的综合集约利用。

4）系统的规划衔接

广州大学城通过统一招标，相继完成了概念规划、发展规划、市政综合规划、土地利用规划、控制性详细规划等，各规划衔接有序、系统全面，注重各种规划之间的有机衔接，形成了较为明晰的规划系统。

3. 区域集约设施运行系统的构建

广州大学城在区域公共设施的运行管理中，注重集约化管理方式的引入，通过多次设施整合管理，从几个方面实现了设施整体节能和环保的功能目标。针对目前公共设施运行效率低、能源消耗大的问题，广州大学城率先在全国范围内进行区域能源综合利用专项规划，以设施运行节能环保、高效为目的，以系统的方法构建设施新型综合能源运行系统，实现整体节能减排，推动区域环境资源效益可持续发展。

1）城市区域综合能源管理系统

区域综合能源管理系统包括分布式能源站、集中供冷供热系统和建筑节能等系统。此系统是国内最大规模的分布式能源系统，实现了"热、电、冷"三联产；首创了国内最大的冰蓄冷区域集中供冷系统；首创了国内基于余热利用技术从而实现25万人享用的集中供热系统。该综合系统实现了能源循环的梯度利用，实现了能源与负荷的一体、热电冷系统的一体，有效地节省了长期运行成本，节约了设施用地，减少了污染。据统计，其每年节省电能1.29亿度，能源利用率达到了80%，碳减排25.5万吨。

2）数字化信息化管理系统

广州大学城还构建了基于计算机技术的数字化管理系统。其以广州市大学城信息基础设施专项规划为基础，引进先进的计算机、多媒体等信息化技术，构建了区域的城市信息基础设施平台，对区域内数量众多的各类设施进行了有效的监督管理，建成了区域设施信息分层次和数字化的综合系统。

4. 管委会负责的社会化管理模式

广州大学城组建了行政式的广州大学城管理委员会，全面负责整个区域的规划协调、建设管理工作，委员会下设建设管理指挥部办公室，负责整个区域项目的建设工作。管委会以市场化的方式，引入区域市场化的管理企业，提高区域配套设施管理的专业化，采用的是"专业化、社会化、小业主"的管理模式，取得了良好的管理效益。

近年来，广州大学城在管委会和市场化运营的推动下，形成了科学的技术运用和管理系统，完善了工程建设质量控制体系，实现了优质的区域整体建设管理，获得了多项优质工程奖项。

6.3.3 发展综述与建议

广州大学城的规划建设深入实践了建设集约型社会的发展要求，把"集约"带入了整个区域的建设发展之中，强调投资效益、社会效益、资源效益和环境效益等的综合指标，从而最终提供更好的区域服务。广州大学城在引进实施分布式能源、综合管廊、分质供水、集中供热冷、数字技术等节约型技术、实施资源效益导向型的区域规划、系统的区域设施管理方面取得了优异的成绩，其营造良好的生态人居环境的成功经验，对探索集约系统化的城市区域可持续发展具有重大的理论和实践意义。

虽然如此，广州大学城的后续建设仍然需要不断完善集约的发展策略，需要保持更系统、更长久的持续发展，对于完善广州大学城的集约建设，笔者提出以下几点建议。

1. 建立法定的规划变更程序

广州大学城实行了整体规划、分期建设的方案。但是，在我国城市的建设当中，后续建设不再遵守前期整体规划、规划变更的现象比比皆是，这是由我国特殊的国情所决定的。广州大学城也应该充分吸取其他地区建设的经验与教训，严格控制后续建设中的规划变更，做到前后规划建设的有机衔接，真正落实好整体规划的发展要求。如若确实有后续规划变更的要求，也要严格遵守规定的变更程序。

广州大学城的建设规划，需要由大学城管委会统一协调，经过市级规划部门、设施专业部门审核，广泛吸纳专家团体和社会团体的建议与意见，采取座谈会、公示等方式争取公众参与，再最终制定或修改规划内容。除此之外，对于与此交接的设施或其他公共资源，还要与其负责的专业部门进行好协调衔接，这样才有利于制定科学的规划。

2. 引入市场化融资模式

广州大学城公共设施的建设运营大多为政府投资、企业租用，在大学城的建设过程中，政府提供了大量的建设资金。据预计，广州大学城的总投资规模将达到200亿元～300亿元人民币，各类公共设施投资也是数额巨大，例如区域中的智能化控制系统总投资就达3300多万元人民币，综合管廊设施总投资3.2亿元人民币。巨大的资金需求导致的是政府单一投资的资金巨大缺口，片面地造成了建设不善、运营不佳等种种问题。以大学城内综合管廊设施为例，由于大学城的特殊的地域，区域内入住的企业数量较少，规模也不大，商业氛围并不浓厚，因此，大学城的运营管理公司为了减少财政投资的负担，对综合管廊采取了定价收费的方式，不过因为入驻企业的特殊性，很少有企业愿意入驻管廊，大大降低了利用率，再次回到了传统铺设的老路上来。因此，需要进一步拓展大学城建设的投融资渠道，采用市场化经营模式，进一步提高这些集约型公共设施的利用效率。采用建设——经营——转让（BOT）的投融资模式就是很好的解决途径。

3. 整合园区设施纳入能源信息管理系统

广州大学城在数字信息化系统的建设上走在了全国园区的前列，在信息化设施维修保护方面取得了良好的效果，但是，针对区域公共设施的信息能源管理体系仍有不足，并未实现能源管理方面的全监控、全节能。因此，在这方面可以充分借鉴其他地区小规模的能源信息管理经验，实现能源管理的专业化运营。

广州大学城主要的能源供给与一般居住区域类似，集中在电能、水资源等。电能主要用于提供园区生活供电、设施动力用电等，水主要用于生活用水和园区消防、绿化、生活等方面。广州大学城因为面积较大、入住人口较多，特别是能源消耗高峰期，对区域的能源控制变得十分重要，需要利用已有的信息管理技术，实时对园区的能源供给进行监控、计量等，实施能源定额、能源审计，进行节能控制和改造。

4. 制定并完善相关的法律法规

借鉴国内外相关园区、区域的发展经验，区域建设的法律法规颁布一般应先于规划建设，对其具有后续指导作用。南京市江宁区在2010年制定了《南京市江宁区新建地区公共服务配套设施移交和接收管理规定》，苏州市在2008年颁布了《新建住宅区公共服务设施规划管理暂行规定》，嘉兴市在2010年出台《嘉兴市区物业区域相关共有设施设备管理实施细则》。除了宏观方面的法律法规外，对于具体公共设施的后续建设运营，一些区域也有具体的专项法规，例如，上海世博园区就在2007年制定了我国第一个具有法规性质的综合管廊管理条例《上海世博园综合管廊规划规范》，这些法规都从管理层面对区域公共设施的建设运营提供了保障。

广州大学城目前针对区域设施的相关法规并不多，2010年，大学城管委会颁布了《广州大学城临时公共服务区物业管理公约》，为大学城区域内的公共设施管理提供了法律保障，但是，针对区域内具体专业设施的管理法规，几乎还是一片空白。广州大学城集约型规划建设引入的综合管廊、分质供水、分布能源等设施没有形成具有法律效力的管理规定和条例，对于能源管理系统、数字信息化系统等也没有具体的纲领性文件，致使在建设运营管理中还没有形成统一性、标准性的管理，对后续没有专门的宏观法律指导，致使即时性的人治大于标准的规制，急需进一步进行相关法律法规的完善。

6.4 交通环境的公共设施设计

6.4.1 交通设施内涵及发展历程

历史上，城市的兴起和发展总是和交通条件联系在一起的。一定的交通方式为城市的形成和发展提供了必要的条件，而人类文明的进步、社会发展的需要又促进了城市交通的发展，从而使城市的进步成为可能。在古代，人员及货物的流动由于交通条件的限制，多依赖水路运输和人力、畜力车运输，因此形成因水陆运输便利，沿江河而建的商埠城镇，如长江流域的武汉、重庆、荆州等；因沿海物资集散及对外运输需求而发展形成的城镇，如泉州、厦门等；因与西域交流的需要而形成的"丝绸之路"则始于古长安，但城镇规模有限。随着社会生产力的发展、交通工具的变革、人们的

6.4 PPT讲解

活动范围扩大，城镇的功能和规模也在不断扩大，城市交通与城市建设在相互促进和相互制约中协调发展。

随着城市化进程的不断加快，交通在人们的生活中扮演着越来越重要的角色。在城市空间环境中，围绕交通安全方面的公共设施多种多样，其目的也各不相同，大到汽车停车场、人行天桥，小到道路护栏、公交站点，都属于交通设施，在我们周围环境中通常接触到的还有通道、台阶、坡道、道路铺设、自行车停放处等交通设施，这些设施与人们的日常生活与外来游人接触最密切，是在城市中分布最广的公共设施，它们以其独特的功能特点遍布城市的大街小巷。

城市是伴随人类文明与进步发展起来的，也是人类文明的主要组成部分。城市的出现，是人类走向成熟和文明的标志，也是人类群居生活的高级形式。人、车、路是城市交通的基本要素。公共交通最早出现在英国，当有人驾驭着第一辆马拉式的公共马车出现在路面上，就开始了城市公共交通的历史，这段历史可追溯到1829年的伦敦。自那以来的一百多年间，人、车、路都在经历着变化和革新：路，不仅在平面尺度上变得越来越宽，并且在三维空间中，也从平面交通发展成复杂的立体交通，在始终如一地追求着越来越快捷、安全、舒适的基本目标；同时，在原有马车的基础上，车的种类和形态也在不断地演变和增加。人，是城市交通服务的最终对象，也是城市交通发展的原动力，从建设公共交通转向大力发展私家车再到关注城市交通问题，人的认识和关注重点都在不断地变化着。当私家车发展过量，造成城市交通拥堵、道路事故频发、汽车尾气和噪声污染致使城市环境日趋恶化等一系列问题的时候，人们又开始重新关注城市交通问题。而此时，不得不将城市交通问题当作一个大的系统问题来看待和分析：人，不仅包括行人和驾驶人，而且还要将健全人和残障人包括进来，此外，还得考虑受到噪声和尾气影响的人；车，包括所有的交通工具和出行方式；而路，也早已不能简单理解为公路、铁路、航线等这些路的具体形态，还应当包括所有配合辅助道路交通的各种交通设施。因为人的需求决定着路的合理性，而交通设施决定着路的有效性和道路资源的利用率。

6.4.2　现状分析——以西安市为例

西安大部分公交候车亭风格比较统一，采用古建筑色彩中的朱红色作为主要颜色，候车亭取古建筑屋檐造型，能够彰显城市的历史和特色。其中，曲江新区公交车站最典型。西安曲江新区有著名的唐代遗迹大雁塔、唐文化主题公园大唐芙蓉园以及作为西安市"皇城复兴计划"一部分的曲江池遗址公园，以此为核心形成了曲江新区以"唐风"为主的城市区域特色。在曲江新区公交车站的设计中，蕴含着对"唐风"文化的理解与再现。

从形态来说，公交车站以唐代木构建筑作为设计原型，对传统木构建筑各部分进行了简化，并通过新材料予以重现。立柱与屋顶相互映衬，平添了古朴的韵味。从色彩上来说，建筑实体部分采用了唐代宫廷建筑最典型的朱红色，这与西安作为13朝古都的历史地位相吻合，简明的色彩给人以强烈的视觉冲击与心理暗示。车站选用轻薄的顶棚覆盖，使车站构筑物在外观上更加轻巧，集实用与美观于一体。

整体来说西安城区公交站台候车设施较以前有了很大的发展，但是通过一系列的调研分析，我们发现存在的问题仍然很多，现将目前公交站台候车设施中存在的问题总结如下。

（1）大部分公交站没有设置座椅供人们休息。在曲江新区，部分公交站设置有座椅，但从色彩、造型方面来说与公交候车亭整体风格不相符，从材质方面来说座椅采用铝合金这种材质，冬冷夏热，影响人们使用。

（2）有些候车棚距离公交指示站牌较远，遇到雨雪天气及酷暑天气，就会给人们带来很大不便。

（3）站牌标注字体较小，指示行车方向不明显，同时很多站牌没有照明系统或照明不足，导致人们在晚上使用时看不清站牌。

（4）有些公交站同一站点有很多个公交站牌，且距离较远，如钟楼站，但对于每个站牌都有哪些公交线路没有醒目的标识，给人们使用带来了不便。

（5）公交候车亭应增加城市地图及往返站点位置及线路信息示意图。

（6）对特殊人群（如残疾人、儿童、老人）考虑不周，例如站台没有设计无障碍设施，没有语音提醒，有些站台与地面的高度差过大，使乘客上下车不方便，容易出现安全隐患，人性化的关怀不够。

（7）公交站交互设计不够，智能化程度较低，目前只有部分公交站安装了发光二极管（LED）显示屏用来提醒公交到站信息。

（8）公交站点、公交线路和公交专用道路没有纳入城市规划统一协调发展。在城市道路规划中没有规划公交专用道路，公交线路的布局在整体规划中比重偏轻，公交站点没有停车港湾或停车港湾较少，公交车进站停车影响其他车辆通行，容易导致客流量较大的公交站点形成交通拥堵。

6.4.3 改进措施

根据以上分析，针对目前公交候车亭存在的问题，从产品设计层面及服务设计层面提出以下改进措施。

（1）对公交座椅进行改进，首先从造型和色彩上来说要与公交候车亭保持一致，做到风格的统一，长条凳的宽度常用的是40cm，在空间条件有限的站亭，能满足最低舒适度即可，长条凳的高度设计最能反映其舒适度，高度一般在40cm～45cm之间，适合人弯腰坐下。同时可以将长条座椅通过设置扶手等方式进行分割，这样不但可以提高座椅的使用率，方便老人及残疾人使用，还可以避免一些流浪者在上面睡觉导致人们无法正常使用。从材质上来说，将公交车站的座椅由易导温的金属材料替换成木质材料，环保材料——塑木是合适的可选材料之一，该材料可以通过表面处理获得多种肌理效果，其性质接近木材，并克服了木材易腐的缺点。冬天坐在塑木座椅上也不会感觉冰冷。

（2）候车亭的设置应尽量靠近马路，在结构允许的前提下应尽量将候车棚挑檐加大，并将公交站牌设置在候车棚中或紧挨候车棚，这样方便人们在恶劣天气条件下使用；候车亭应增加展示城市地图及相关城市信息的便民板块，而不只是大面积的广告。

（3）对于公交站牌来说，首先应该有自己的照明系统，方便人们夜晚使用；其次，将本站点之前的站点与之后的站点在字体或形式上进行区别，有助于人们判断自己乘坐方向是否正确；再次，在站牌中增加往返站点位置及线路的信息，对于单行站点应用更清晰的方式进行标注；最后，用较大的字体在站牌上方标注本站公交线路，让人们对于本站是否有自己所要乘坐的公交线路一目了然。

（4）提高公交站的交互服务功能，除了提醒公交与车站的距离外，还可增加语音报站的功能，辅助车站信息栏进行语音播报。该功能可以避免同时来了多辆公交车而无法看到停靠在后面的公交车车号的问题，同时可以帮助视力障碍者或视力不佳的人清晰地了解到车辆到站的信息。另外，还可提供免费的无线网络、能够给乘客的电子设备充电等。

（5）对公交停靠方式进行改进，对于客流量较大的公交站点设置港湾式停靠区。对于公交停靠方式的设置，首先要对路段交通状况进行分析：当路段交通流量较小时，设置直线式的公交站台就内侧机动车道可以满足路段的交通流量需要；随着路段交通流量的增大，公交车对社会车辆的影响也会增大，达到一定的阈值后需要将直线式的公交站改为港湾式，以减小对社会车辆的延误；当路段交通流量继续增大时，港湾式站台公交车出站的延误也不断增大，达到一定的程度后，则需要通过其他手段来改善公交车停靠站的设计。

本章小结

在现代化城市建设速度不断加快的形势下，高效地处理城市现代化建设与城市区域文化之间的关系就显得尤为重要了，使多样化地域文化体现出现代化，从而使现代居民在钢筋混凝土的大都市环境中探寻到那些已经流逝的历史。那么在对公共交通设施设计规划过程中，应该积极地将特定气候、环境以及民俗等传统元素渗入其中，从而达到创设出千变万幻的公共设施格局，此时区域文化也实现了传承与发扬。

简答题

1. 简述怎样管理维护城市公共设施。
2. 现阶段城市公共设施设计存在哪些弊端？（请举例说明）

实训课堂

实训课题：儿童游乐设施设计。

内容：针对吴山广场儿童娱乐区域设计儿童游乐设施。

要求：既能体现吴山广场特色，又具有安全性，设计包括草图、效果图，并附上设计说明。

第7章

公共设施设计的发展
趋势与未来展望

学习要点及目标

掌握公共设施设计的未来发展趋势，把握可持续发展。

本章导读

城市公共空间的建设应从强调生态环境、社会人文环境与资源利用等方面的持续性出发，使社会与城市的发展循序渐进，创造人与自然、人与社会的协调发展，结合当地的气候、材料与能源，保持生态环境的持续发展。例如，国内外一些公共空间建设实践中对城市公园、绿地、水体等自然环境资源的保护和开发，改善了生态环境，取得了良好的综合效益。

在城市环境中任何一种平衡状态都是由人类所确定的，也是人类期望达到的。它要求人类通过不懈的努力来建立和保持。

7.1 公共设施设计未来发展趋势

7.1.1 注重系统性

城市公共设施是城市环境系统的一部分，它应该被设计到系统的城市建设规划过程中，这主要表现在将建设公共设施、对公共设施的管理以及工业生产方式形成一个系统。公共设施有专业从事建筑的部门，这些部门在建设

7.1 PPT讲解

公共设施时一定要与时俱进，与整个城市的清洁、维修及其他日常管理都要形成一个完整的系统。它要求各个行政部门的劳动分工清晰，责任明确，制定一个统一的和系统化的管理政策，以提高城市管理的效率和水平。绝大多数城市进行公共设施的建设是一个不小的经济负担，只有系统性的工业生产方法，才有可能减少公共设施的生产成本，也方便日后进行管理和维修。因此，公共设施在设计上必须考虑组件标准化规模，结构的相似性，组成部分的多互换性和功能性，通过数量有限的标准化的组件单元，根据不同的组合，构建各种公共设施。对于城市的公共设施系统设计，不仅能够很好地降低建设花费，以达到最佳效率，而且还可以塑造完美的城市形象。

7.1.2 注重文化性

社会的前进、生产效率的提高、人口总量的增长和经济水平的繁荣，推动城市不断向外扩展、延伸。不同的地域，文化背景、宗教信仰不同而形成的城市设计也不会相同，这些无形的因素都会对城市建设和城市景观有一定的制约和影响。文化是历史的遗产，文化的发展推动历史前进，不同时代的文化和不同地域文化也决定了公共设施的地域性和时代性。自然环境、宗教信仰、生活方式、建筑特色、文化内涵、民俗习惯、文化习俗、审美品位等，构

成了独特内涵的城市文化。在城市公共设施的设计过程中，应把这些内涵提纯并演绎，使其适应本省本地区的文化背景，并呈现出不一样的风格。东方和西方之间的文化存在着差异，城市和农村地区之间、城市与城市之间的文化都存在差别。不同的生活方式反映了不同的地域文化，作为服务人民的城市公共设施也将受到影响。如上海这种生活节奏特别快的国际化大都市，公共设施的设计需要充分考虑人们方便和舒适的特点。又如北京这种有着深厚文化内涵的城市，市民公共设施的设计要考虑与周围环境的和谐，并同时满足设计的实用功能，以反映北京特有的文化内涵，使人们也感受到历史的余温。如图7-1所示，在北京王府井商业街，看到镌刻在北京百货大楼的"王府井"三个大字的铜牌，会感到一种历史悠久的气息。如杭州这样的城市，有着优越的位置，经济发展很快，气候舒适、生活条件好，与此同时，杭州还拥有享有盛誉的优美的西湖，其公共设施就要尽可能地体现西湖特色文化。只有这样，才能更好地把握公共设施设计的方向，把公共设施设计得安全、美观、实用，公共设施的设计与城市文化整合一定会得到公众的认同。

图7-1　王府井铜牌

7.1.3　注重艺术性

城市公共设施，不仅是被人们使用的，同时还应该可以用来美化环境，使人们身心愉悦。爱美之心人皆有之，所以现代城市的公共设施不能丢弃其艺术性。公共设施的形状，是其功能的载体，也是视觉的传播媒介。城市公共设施的设计应基于一种简单和简洁的风格，使其更容易被识别以及不被具象化。公共设施的艺术性是现代设计的发展方向，可使公共设施和使用者之间的距离缩短，让环境更加美好。我们应该尽一切努力来设计这些美丽的和充满活力的形态，并把它们注入人们的日常生活中，以满足人们对美的追求。总的来说，在城市公共设施设计的艺术方面，我们与欧美各国有明显的差距。中国台湾装置艺术家赖纯纯在一次欧洲旅行中，对当地下水道的铁盖子产生了兴趣，她说："欧洲下水道的铁盖子上面的图案是各不相同的，他们的图案并不刻意追求奇怪，但在不同的横条纹、直条纹、圆点、格子状等的形态之中，我发觉工程应该是一个审美的延伸，它也应该是一个美丽的载体。"如图7-2和图7-3所示，在欧洲城市的街道上，图案精美的井盖不仅打破了它们给人的寒冷印象，丰富了地面的表达内容，也为街道公共空间增添了生活和思想氛围。在高度发达的物质社会，人们需要有出色的感染力和艺术张力的公共设施形象让人们心情愉悦、精神得到放松。白德懋先生在《城市空间环境设计》一书中提到，街头件（家具）的设计反映了一个国家的艺术和文化的水准，要更加重视。但愿不要看到像熊猫、企鹅和其他动物作为垃圾桶出现在街道，把这些可爱的动物的口用垃圾堵塞的现象是不能接受的。

图7-2　欧洲街头井盖（1）

图7-3　欧洲街头井盖（2）

7.1.4　重视无障碍建设

从人权的角度来看，人生而平等。不论在哪个地方、怎样的环境，所有人对所有公共设施的使用都应当是同样的，不能因为受伤、身体有缺陷、年老或者年幼而成为使用它们的阻碍。无障碍设计是以让人们在使用过程中不存在行为障碍为宗旨的设计。一个城市有了无障碍设施，也就是为残疾人、老年人、孕妇和儿童、身体有伤病等其他相对弱势的人能够方便地参与社会生活提供了前提和条件，这是一个社会文明水准和进步水平的反映，这集中体现了一个城市的物质文明和精神文明。随着残疾人进入社会生活的要求逐渐增长以及人口老龄化现象的锐化，再加上居民对生活质量的要求与日俱增，整个社会对无障碍公共设施的建设需求越来越迫切。无障碍公共设施的设计，最大的目标就是建立一个可以让所有公众参与到其中的城市公共环境，所有的人都可以根据自己的意愿参加公共活动，消除人们在物理环境和心理上的障碍。

世界上第一个制定了"无障碍标准"的国家是美国，日本现在也在普及为老年人、残障人士专门设置的新的无障碍设施。日本福冈地铁有精心设计的视觉引导系统，任何人都可以通过图形信息，以最快的方式找到他们想要去的地方；在中国香港的地铁里，也到处都能够看到各种各样的给乘客提供方便的无障碍设施，比如无障碍厕所、电梯等。

我们的许多城市无障碍设施已经投入使用，如在各大商业机构中的公共厕所，它们给残疾人、孕产妇和儿童都提供了便利；火车站、机场、地铁还铺设了方便轮椅通行的道路以及其他公共设施；在许多社区，无障碍坡道现在已经成为必要的公共设施。

如图7-4所示，江苏省省会南京，是中国的无障碍设施建设带头城市，在全国起到了"领头羊"的作用。盲人过街语音提示、多条无障碍坡道、多个特殊红绿灯等，这些公共设施都给盲人带来了很多便利。今天的国际无障碍设施，它的先进的设计理念是比较全面的，这个理念不仅是指传统意义上的无障碍设计的硬件化设备，如为行动不便的老人和小孩提供不同的设备，坡道、盲道、扶手和其他常见的硬件设施，还包括图形信息的说明，用多样化的颜色、材料、照明等手段来传递信息，这些便利服务以及人性化的视觉引导系统，都是新的无障碍设计理念的要求。

图7-4　南京为盲人设计的电梯按钮

7.1.5　注重智能化

在当今社会，科学技术的不断发展，使世界各地区发生了天翻地覆的变化。随着科技的进步，城市公共设施也越来越智能化。如迪士尼乐园，游客到公园，如果持有季票，通过自己的指纹就能够自由出入，因为公园采用了先进的生物识别技术，这个高科技系统可以代替人工验票。一家有悠久历史的法国摄影公司宣布其自动摄影亭将被安装到与互联网的连接设备上，客户和非客户都可以免费发送视频邮件和电子邮件。由于有了高科技的辅助，农业食品企业想要拥有一种自动贩卖熟食的机器也由一个想法变成了现实。有了这种机器，可以让人们在短时间内就将饭菜加热。由以上几个例子我们可以看到，随着科学和技术发展的速度加快，公共设施也被要求设计成高科技智能化的室外生活道具，它将变得更加舒适和方便。高度智能化的城市公共设施，让我们不仅节省了时间而且享受了高效的服务。城市公共设施的设计与高科技和合理应用相结合，将是公共设施在未来城市的另一个发展趋势。

7.2　城市公共空间的可持续发展趋势

城市公共空间系统的整体结构是一个由形形色色的影响因素组成的关系系统，这些因素必须从结构的相互关系之中发现自身意义，它们也处于不断的变化之中，永恒不变的关系结构是不存在的。城市公共空间系统建构是一个动态的过程，这一过程持续不断地发展能适应城市这个有机体各方面的不断变化，因而具有持久的生命力。

7.2 PPT讲解

空间系统可持续发展的动力来自人类自身的持续发展，人的因素构成了城市公共空间演化的动力，随着两者关系更加紧密，空间能够不断地演化、更新。因此，城市空间的可持续发展与社会各方面的可持续发展相一致。随着我国经济和城市化进程的发展，协调资源配置，优化产业结构，促进经济的发展，保持人口、环境、经济资源和社会之间的协调发展，包括城市生态环境的再造、旧城改造与资源利用、城市生活空间以及交通功能组织的协调发展，这样才能保证城市空间的可持续发展。

"构筑社会主义和谐社会"是我国当前时代发展的主题，良好的城市形象、完善的城市服务设施、市民广泛的参与性以及城市文明的积极发展也是"和谐社会"的重要标志之一。城市人应该站在时代的、历史的更高层次来设计城市、建设城市、管理城市、利用城市，从而促进城市经济与社会的共同发展。

城市公共空间新的发展趋势为我们指明了今后的发展方向，要求我们不仅要推动城市空间的发展，还要为我们的子孙后代留有足够的发展空间。城市空间的发展是一个漫长的开放的过程，任何想要获得终极方法的想法都是不切实际的，只有随着我国经济发展水平的不断提高、投资环境的不断改善，在城市空间建设中，制定切实合理的目标，建立高效完善的工作机制，采取科学可行的措施，谋求社会各方的支持，才能不断推进高质量的城市公共空间的建设，使城市公共空间处于健康的动态发展过程之中。

1. 简述公共设施设计的未来发展趋势?
2. 谈谈你对未来公共设施绿色设计有什么好的建议。

实训课题：公共设施未来设计。
（1）内容：想象未来世界的公共设施是什么样的并画出草图。
（2）要求：草图需要包含绿色设计以及展现未来公共空间的可持续发展。

参 考 文 献

[1] 张婷，苗广娜. 公共设施造型开发设计[M]. 南京：东南大学出版社，2014.

[2] 钟蕾. 城市公共环境设施设计[M]. 北京：中国建筑工业出版社，2011.

[3] 李卓，何靖泉. 城市公共设施设计[M]. 武汉：华中科技大学出版社，2019.

[4] 冯信群. 公共环境设施设计[M]. 上海：东华大学出版社，2016.

[5] 胡天君. 公共艺术设施设计[M]. 北京：中国建筑工业出版社，2012.

[6] 丁玉兰. 人机工程学[M]. 北京：北京理工大学出版社，2017.

[7] 顾振宇. 交互设计——原理与方法[M]. 北京：清华大学出版社，2016.

[8] 曹祥哲. 产品造型设计[M]. 北京：清华大学出版社，2018.

[9] 陈高明，董雅. 环境艺术设计丛书——环境设施设计[M]. 北京：化学工业出版社，2017.

[10] 薛文凯. 现代公共环境设施设计[M]. 沈阳：辽宁美术出版社，2014.